Werner Diederich

Der harmonische Aufbau der Welt

Keplers wissenschaftliches und spekulatives Werk

Meiner

Bibliographische Information der Deutschen Nationalbibliothek

Die Deutsche Nationalbibliothek verzeichnet diese Publikation in der Deutschen Nationalbibliographie; detaillierte bibliographische Daten sind im Internet über ‹http://portal.dnb.de› abrufbar.
ISBN 978-3-7873-2679-2
ISBN eBook: 978-3-7873-2680-8

www.meiner.de
 Satz: Type & Buch Kusel, Hamburg. Druck und Bindung: Bookfactory, Bad Münder. Werkdruckpapier: alterungsbeständig nach ANSI-Norm resp. DIN-ISO 9706, hergestellt aus 100% chlorfrei gebleichtem Zellstoff. Printed in Germany.

Inhalt

Vorwort

Das Bild, das wir uns von der Welt machen, ist mitgeprägt durch Erkenntnisse, die uns die Wissenschaften vermitteln, und die sind natürlich immer zeitbedingt. So war es auch vor etwa 400 Jahren, als der Astronom Johannes Kepler ein Bild der Welt entwarf, das die damals neuesten wissenschaftlichen Erkenntnisse mit Spekulationen über eine allem zugrundeliegende Harmonik verband. Die daraus resultierende reizvolle Kosmologie möchte ich in diesem Buch darstellen.

Kepler lebte in einer Zeit, in der sich die neuzeitliche Naturwissenschaft erst herauszubilden begann. Es ist daher nicht verwunderlich, dass wir in Keplers Werk neben bleibenden physikalischen Erkenntnissen auch Überlegungen finden, die ganz an Vorstellungen des 16. Jahrhunderts oder an die Zeit davor gebunden sind. Man kann den Eindruck gewinnen, dass zu Keplers Zeit noch ganz offen war, in welche Richtung die gerade erst beginnende Naturwissenschaft sich entwickeln würde. Als ich vor etwa 30 Jahren begann, mich für die Figur Kepler zu interessieren, ging es mir darum, Wege zu einer »alternativen« Naturwissenschaft aufzuzeigen, zu einer Wissenschaft, die sich nicht einspannen lässt in gesellschaftlich desaströse Entwicklungen; ich hoffte, dass sich an den Entwicklungen in Keplers Zeit – also einige Jahrzehnte, bevor sich mit Newtons Physik der Weg der neuen Naturwissenschaft verfestigte – Bedingungen ablesen lassen für eine andere Ausrichtung der Naturwissenschaft. Inzwischen bin ich skeptischer geworden, ob uns eine solche Umorientierung der Wissenschaft möglich ist. Die Wissenschaft ist ein integrativer Teil der Gesellschaft; ihre Entwicklung können wir im Einzelnen verändern, aber sicher nicht in ihrem Gesamtverlauf.

Kepler bleibt jedoch eine Figur, von der wir paradigmatisch lernen können, wie zeitabhängig Weltbilder sind. Wir glauben, für unser heutiges wissenschaftliches Weltbild gute Gründe zu haben.

Zugleich aber sind wir erschrocken darüber, wie wenig wir uns in dieser Welt, in der wir ein absolutes Randdasein führen, heimisch fühlen können. Vielleicht erlaubt uns aber das Wissen um das Entstehen dieser Weltsicht, uns jedenfalls in der Geschichte der Weltsichten zuhause zu fühlen: Wir erleben uns verortet in einer Bewegung, deren Weitergang wir nur erahnen können.

Keplers Weltharmonik, *Harmonice Mundi*, erschien 1619; sie war sein letztes großes Werk. Ich vertrete die These, dass es in Keplers Augen auch sein Hauptwerk war. Die meisten Interpreten betrachten eher die *Astronomia Nova*, erschienen 1609, als sein wichtigstes Werk, weil er darin die Ellipsengestalt der Planetenbahnen begründet, seinen bleibenden Beitrag zur Astronomie. Ich denke, dass diese Sichtweise nur verständlich ist auf dem Boden der späteren Entwicklung, die einen ganz anderen Weg einschlug, als Kepler sich vorgestellt hatte. Ich möchte aber Kepler aus seiner Zeit heraus und von seinem Selbstverständnis her verstehen.

Kepler war, im Fächerkanon seiner Zeit, *Mathematiker*. Mathematik, im damaligen Verständnis, schloss Astronomie ein. Zugleich verstanden die meisten Astronomen ihre Kunst als eine rein mathematische, nicht auch physikalische. Die Physik des Weltbaus war der *Naturphilosophie* vorbehalten. Kepler hielt sich indes nicht an diese disziplinäre Abgrenzung und versuchte, die Ordnung der Sternenwelt auch physikalisch zu verstehen, »physikalisch« freilich noch nicht im Sinne der sich erst langsam entwickelnden Physik, sondern als Versuch, die Bewegungen der Himmelskörper auf bestimmte, beispielsweise magnetische Kräfte zurückzuführen. Diese tastenden Vorschläge haben sich zwar nicht durchsetzen können, führten Kepler aber zur heute noch gültigen Gestalt der Planetenbewegungen.

Keplers Himmelsphysik war für ihn Teil einer umfassenderen, letztlich theologischen Bemühung um die Erforschung der Gründe, aus denen Gott die Welt so geschaffen hat, wie wir sie vorfinden. Die Welt, so Keplers Vorstellung, hatte eine über sie selbst hinausweisende Bedeutung. Und diese sah Kepler in der *Harmonik* des Weltgefüges.

Die Ergründung der Weltharmonik hat Kepler schon in jungen Jahren beschäftigt und dann nicht mehr losgelassen. Ich werde im Folgenden, besonders in den Kapiteln 3, 6 und 8, seinen Weg von diesen frühen Spekulationen bis zu seinem reifen Werk *Harmonice Mundi* nachzeichnen und damit aufweisen, wie sich das Harmonie-Projekt durch sein gesamtes Werk zieht. Meine Darstellung wird so die wichtigsten Züge seines Gesamtwerks umfassen.

Ich werde meine Ausführungen nicht mit entbehrlichen wissenschaftlichen Details belasten[1] und hoffe so, für einen breiten Kreis von Leserinnen und Lesern verständlich zu sein. In der Regel begnüge ich mich auch mit deutschen Übersetzungen der meist lateinischen Quellentexte. Allen Leserinnen und Lesern wünsche ich eine spannende und wohltuende Lektüre.

Für hilfreiche Kommentierung großer Teile des Skripts danke ich besonders Andreas Seeck und Franziska Schultz, für eine Lektorierung Heike Bühn, für die Erstellung etlicher Grafiken Rickmer Frier, für Rückmeldungen zu einzelnen Kapiteln Simone Geng und für Hilfe bei Schreibarbeiten Betty Ruhe und Daaje Böhlke.

1 Gelegentlich füge ich mathematische oder physikalische Details, die für den Fortgang nicht wichtig sind, aber den Kundigen weiterhelfen, in eckigen Klammern bei. Das Kapitel 7 enthält etliche solche Bemerkungen und ist insgesamt für das weitere Verständnis nicht unbedingt erforderlich.

1. Zur Geschichte der Astronomie vor Kepler

Rund 100 Jahre vor Kepler, 1473, wurde Nicolaus Kopernikus geboren. Er war der Begründer des neuen Weltbilds, demzufolge die Sonne das Zentrum unseres Planetensystems bildet. Heute ist diese Lehre fester Bestandteil unseres Weltbildes. Doch zu Kopernikus' Zeiten war sie ein kaum begründbarer Vorschlag. Dies möchte ich im folgenden Rückgang in die ältere Geschichte erläutern.

Die Idee des Heliozentrismus war, streng genommen, nicht neu, denn bereits in der Antike hatte schon Aristarch (etwa 310–230 v. u. Z.) diese Meinung vertreten. Doch im Laufe der Jahrhunderte war sie nahezu in Vergessenheit geraten, zumal sich die mit Aristarchs Sicht unvereinbare Weltauffassung des Aristoteles (384–322 v. u. Z.) durchgesetzt hatte. Für Aristoteles war die Welt ein System konzentrischer Kreise mit der Erde im Mittelpunkt. Aristoteles' System wurde in der Antike von verschiedenen Autoren variiert und untermauert. Es gibt aber auch Besonderheiten der Planetenbewegung, die ich in Kürze erläutern werde, die mit Aristoteles' Sicht nicht vereinbar waren. Das führte zu raffinierteren Vorschlägen, die von Ptolemäus (um 150 n. u. Z.) zu einem konsistenten Bild zusammengeführt wurden.

Das großartige System des Ptolemäus fand jedoch in der Spätantike nur wenig Beachtung; nur das Interesse an der Astrologie, zu der Ptolemäus ebenfalls ein Werk verfasst hat, hielt sich durchgängig. Die Situation der ptolemäischen Astronomie änderte sich grundlegend erst mit der Entstehung des Islam, also etwa ab dem 9. Jahrhundert. Die islamischen Gelehrten haben die ptolemäischen Studien zu einer neuen Blüte geführt. Ab dem 12. Jahrhundert erwachte auch das Interesse in Westeuropa wieder, und die Werke des Ptolemäus (und andere antike Schriften) wurden nach islamischen Quellen ins Lateinische übersetzt und so für das westliche gelehrte Publikum zugänglich.[2]

[2] Vgl. Albert van Helden: *Measuring the Universe*. Univ. of Chicago Press 1985, p. 27.

Um das Wesentliche des antiken Bildes der Welt kenntlich zu machen, muss ich etwas ins Detail gehen. Im aristotelischen Kosmos werden die Sterne getragen von konzentrischen Ringen oder Sphären um die Erde im Mittelpunkt; ganz außen, in der umfassendsten Sphäre, befinden sich die Fixsterne. Von innen her gesehen wird die Erde zunächst umrundet vom Mond, dann, immer weiter außen, von Merkur, Venus, Sonne, Mars, Jupiter und Saturn. Die äußerste oder Fixsternsphäre[3] rotiert im Laufe von 24 Stunden einmal um die Erde, so dass wir die Fixsterne Nacht für Nacht sich von Ost nach West bewegen sehen. Die inneren Sphären werden von der Fixsternsphäre mit herumgeführt, so dass auch Sonne und Mond täglich von Ost nach West wandern.

Diese Weltsicht scheint zunächst ganz natürlich zu sein; sie nimmt die Dinge so, wie sie uns erscheinen. Ein Problem bereiten aber die Planeten.[4] Diese bewegen sich einerseits, Nacht für Nacht, mit den Fixsternen von Ost nach West, aber andererseits, sehr viel langsamer, auch von West nach Ost, bleiben also gegenüber den umgebenden Fixsternen zurück. Dieser Effekt ist manchmal größer, manchmal weniger groß und kehrt sich gelegentlich auch um, so dass die Planeten, da auch eine Auf- und Abbewegung hinzukommt, Schleifenbewegungen ausführen. Diese komplizierten Planetenbewegungen konnte man ungefähr beschreiben mithilfe einer Reihe zusätzlich angenommener konzentrischer Sphären, deren Bewegungen so aufeinander abgestimmt sind, dass sie gerade die von der Erde aus beobachteten Bewegungen erzeugen. (Ein erstes Modell dieser Art entwickelte schon Eudoxos im 4. Jahrhundert v. u. Z.)[5]

Alle Himmelskörper und ebenso die Erde wurden, bis in die Neuzeit, als *Kugeln* angesehen. Für die Kugelgestalt der Erde sprachen verschiedene Phänomene, zum Beispiel dass man bei einem von der See kommenden Schiff zunächst die Mastspitze und erst später den

3 Außerhalb der Fixsternsphäre ist für Aristoteles nichts, nicht einmal ein Ort, da für ihn ein Ort von etwas die Oberfläche der umgebenden Körper ist.

4 Die Planeten im heutigen Sinn. Bei Aristoteles und lange danach waren auch die Sonne und der Mond Planeten, die Erde jedoch nicht.

5 Einen guten Einblick in die Präzision astronomischer Bestimmungen um ca. 100 v. u. Z. liefert der schon vor gut hundert Jahren gefundene, aber erst kürzlich verstandene Antikythera-Mechanismus.

Rumpf sieht. Bei Sonne und Mond legt schon das Erscheinungsbild nahe, dass sie Kugeln sind, und von den Planeten und Fixsternen glaubte man es, weil die Kugel als die symmetrischste und vollkommenste körperliche Form galt. Ebenso war der Kreis die vollkommenste ebene Form, und man nahm an, dass alle Himmelskörper sich auf *Kreisen* bewegen, weil im himmlischen Bereich – in allem, was sich »supralunar« oder »über dem Mond« befindet – alles vollkommen ist. Die *Kreisbewegungen* mussten darüber hinaus gleichförmig sein, d. h. mit konstanter Umlaufgeschwindigkeit. Dieser Grundsatz findet sich schon bei Platon und bestimmte die Astronomie bis ins 17. Jahrhundert hinein.

Die komplizierte Bewegung der Planeten war mit konzentrischen Sphären aber nur ungenau zu erfassen. Ptolemäus arbeitete deswegen mit Hilfsmitteln, die in der Astronomie lange unbestritten bleiben sollten: mit Exzentern und Epizyklen. *Exzenter* (von Hipparch im 2. Jahrhundert v. u. Z. konzipiert) sind Kreise um ein vom Weltmittelpunkt *Z* (damals die Erde) leicht verschiedenes Zentrum *M* (Abb. 1.1).

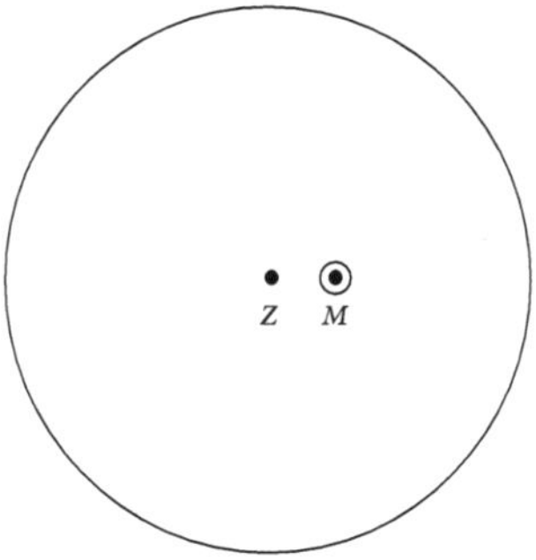

Abb. 1.1: *Exzenter*

Ein *Epizykel* (seit Polonius im 3. Jahrhundert v. u. Z. benutzt) ist ein Kreis, dessen Mittelpunkt *E* selbst auf einem Kreis umläuft, dem »Deferenten« (Abb. 1.2).

Von diesen beiden Mitteln machte Ptolemäus reichlich Gebrauch, und sie blieben in Gebrauch bis ins 17. Jahrhundert, als Kepler sie endlich entbehrlich machte.

Ptolemäus bemühte noch ein drittes Hilfsmittel, die so genannten *Äquanten* (Abb. 1.3)

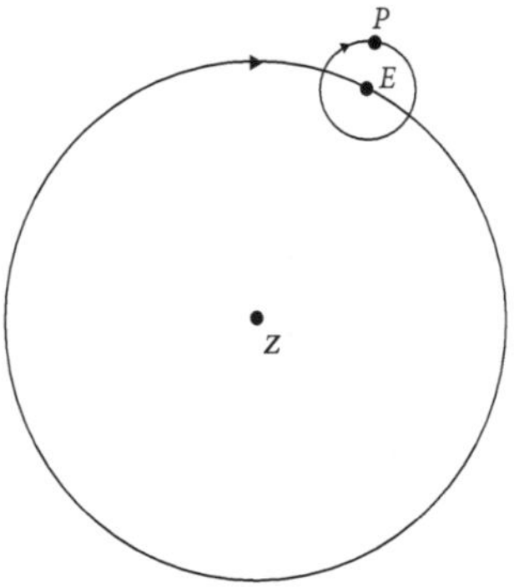

Abb. 1.2: *Epizykel*

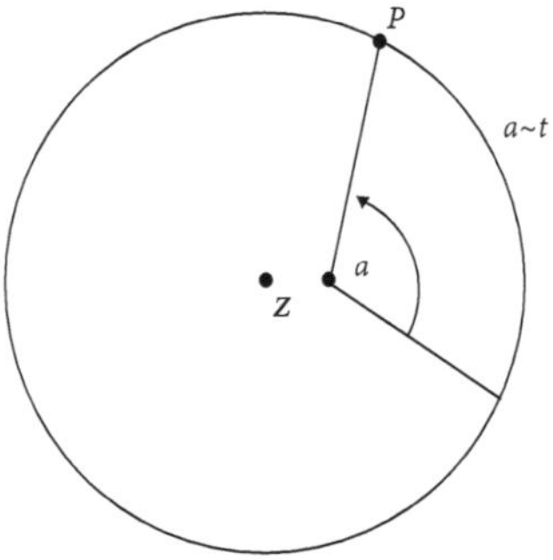

Abb. 1.3: *Äquant*

Der Planet *P* bewegt sich so um *Z*, dass er von einem von *Z* verschiedenen Punkt aus sich gleichförmig zu bewegen scheint; der Winkel *a* ist proportional zur Zeit *t*. Die Äquanten dienten dazu, die Umläufe auf den Kreisen wirklich gleichförmig zu machen. Ohne Äquanten gelang ihm das nicht gut. Kopernikus, sehr viel später, nahm Anstoß an diesem Hilfsmittel und vermied es in seiner Konstruktion. Allerdings musste er dafür zusätzliche Epizykel einführen, so dass sein System, das zunächst mit weniger Epizykeln auskam, nicht wirklich einfacher wurde als das des Ptolemäus, wie er gehofft hatte.

Der Astronomie stand also ein ganzes Arsenal von Hilfsmitteln zur Verfügung, um die ungleichmäßigen Planetenbewegungen auf gleichförmige Kreisbewegungen zurückzuführen. Sehr bald schon merkte man, dass es oft mehrere Wege gibt, dieses Ziel zu erreichen, weil nämlich die Hilfsmittel teilweise gegeneinander austauschbar sind, z. B. Epizykel gegen Exzenter oder umgekehrt (Abb. 1.4).

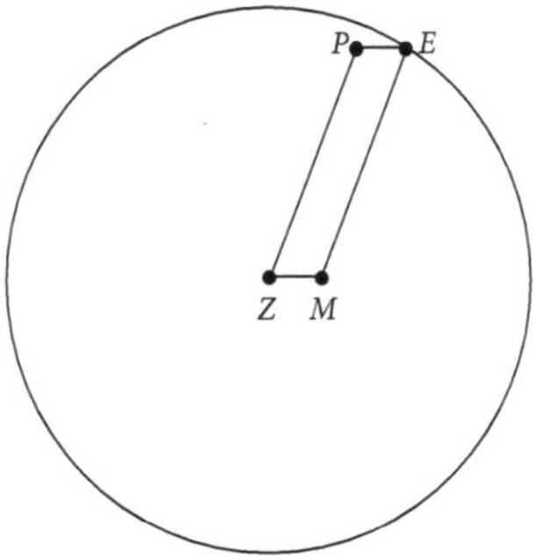

Abb. 1.4: *Epizykel/Exzenter*

(*P* bewegt sich um *E* in dem Sinne und mit derselben Winkelgeschwindigkeit wie *E* um *Z*, so dass die Gerade *PE* immer der Geraden *ZM* parallel ist.) Die Gleichwertigkeit dieses Epizykels mit diesem Exzenter warf die Frage auf, welche Sicht den tatsächlichen Bewegungen am Himmel entspricht. Es setzte sich schon früh (ab dem 1. Jahrhundert v. u. Z.) eine Art Arbeitsteilung durch: Die *Mathematiker* hatten nur die Aufgabe, die Bewegungen möglichst exakt darzustellen, so dass verlässliche Vorhersagen möglich wurden, ohne dabei Anspruch auf Abbildung der wirklichen Bewegungen zu erheben. Diesem Anspruch zu genügen, war Sache der *Physiker*, und das hieß damals: der Naturphilosophen. Auf eine solche Trennung der Bereiche zielte auch die Formel »Rettung der Phänomene« als Aufgabenbeschreibung für die Mathematiker: Die Phänomene sind »gerettet«, wenn man sie berechnen kann. Nicht jeder Mathematiker hielt sich genau an diese Begrenzung seiner Tätigkeit. Ptolemäus trägt zwar sein Modell der Planetenbewegungen im *Almagest* mathematisch vor, entwickelt aber seine darüber hinausgehenden physikalischen Vorstellungen in einem anderen Werk, den »*Planetenhypothesen*«.[6] Beispielsweise kann in der mathematischen Astronomie die Reihenfolge der Planeten von innen nach außen nicht entschieden werden. Der bloßen mathematischen Darstellung kann man das nicht entnehmen. Die Bewegungsdaten, die dargestellt werden sollen, sind ja lediglich die Bahnen der Planeten so, wie sie uns am Himmel *erscheinen*, bestimmt durch Himmelsrichtung und Höhe über dem Horizont, also als zweidimensionale Projektionen »am Himmel«. Es hatte sich aber eingebürgert, Planeten nach ihren Umlaufzeiten anzuordnen. Danach ist, von den damals bekannten Planeten, Saturn (Umlaufzeit 30 Jahre) am weitesten entfernt, gefolgt von Jupiter (12 Jahre) und Mars (2 Jahre). Bei Merkur und Venus versagt dieses Kriterium aber, denn, gemeinsam mit der Sonne, haben sie, von der Erde aus gesehen, eine durchschnittliche Umlaufzeit von einem Jahr. In der Tat gab es verschiedene Vorschläge, diese drei Himmelskörper anzuordnen. Ptolemäus wählte,

6 Die im Original verschollenen, entscheidenden Teile der *Planetenhypothesen* wurden von Bernard R. Goldstein nach einer arabischen Version rekonstruiert: ›The Arabic Version of Ptolemy's *Planetary Hypotheses*‹, American Philosophical Society, *Transactions* 57, part 4, 1967.

aber nur in seinem »physikalischen« Werk, die Anordnung, die wir heute noch für richtig halten: »über« dem Mond kommt als nächstes der Merkur, dann Venus, Sonne, Mars, Jupiter und Saturn.

Zurück zum antiken Weltbild. Nach aristotelischen »physikalischen« Vorstellungen gibt es eine kosmologische Hierarchie von Bewegungen von außen nach innen. Die Fixsternsphäre wird von einem »unbewegten Beweger« bewegt, sie rotiert einmal in 24 Stunden von Ost nach West. Innerhalb der Fixsternsphäre liegen konzentrisch die Sphären der Planeten, dicht gepackt, so dass die äußerste Sphäre die nächst innere (die des Saturn) mitnimmt, aber nicht ohne Verlust: Ein wenig bleibt die Saturnsphäre hinter der Fixsternsphäre zurück. Der Saturn bewegt sich (in der Regel) im Laufe der Zeit langsam von West nach Ost, so dass seine Ost-West-Bewegung etwas langsamer wird als die der Fixsterne. Analog drehen sich die Sphären der anderen Planeten jeweils etwas langsamer von Ost nach West als der nächstäußere Planet, bis hinunter zum Mond, der Nacht für Nacht, zu derselben Zeit, ein ganzes Stück weiter östlich steht. – Es gibt also eine klare Bewegungs-Kausalität von außen nach innen.

Bisher habe ich einen Umstand nicht betont, der für das Umdenken bei Kepler besonders wichtig werden sollte: In antiker Sicht bewegen sich die Planeten nicht selbst, sondern nur die Sphären, an denen sie haften. Die Sphären sind »kristallin«, das heißt durchsichtig und für uns nicht sichtbar.

Die Sonne ist für die antiken Denker, fast einheitlich, einfach ein Planet unter anderen. Natürlich sieht dieser Planet ganz anders aus als die anderen, und es gab immer wieder Autoren, die der Sonne einen besonderen Rang zusprachen, zum Beispiel den, sich »in der Mitte« der Planeten zu bewegen, nämlich zwischen einerseits den äußeren Planeten Saturn, Jupiter und Mars und andererseits den inneren Planeten Venus, Merkur und Mond.

Die aristotelische Kosmologie war in sich so stimmig, dass konkurrierende Vorstellungen kaum eine Chance hatten.[7] Es wurden jedoch einige Alternativen tradiert, zum Beispiel Aristarchs heliozentrische Theorie, an die erst Kopernikus' Theorie wieder anknüpfte.

7 Dies hat Thomas Kuhn schon 1957 in *The Copernican Revolution* eindrucksvoll belegt.

Die Astronomie des Ptolemäus und die damit verbundenen aristotelischen Vorstellungen des Weltbaus verblassten im Westen mit dem Ende des römischen Reiches im 5. Jahrhundert; der wissenschaftliche Kontakt mit dem oströmischen Reich, das noch etwa weitere tausend Jahre Bestand hatte, war nur sehr spärlich. In Westeuropa »vergaß« man größtenteils die antiken Errungenschaften. Es gab nur einige Klöster, die einen kleinen Teil des antiken Erbes tradierten, große Teile gingen jedoch zunächst verloren und wurden erst viel später auf dem Umweg über den Islam wieder bekannt.

Im islamischen Reich (ab dem 7. Jahrhundert) entwickelte sich schnell eine lebendige Kultur, die sich auch die großen Leistungen der Antike aneignete und kommentierte. Zum Beispiel gab es von Ptolemäus' astronomischem Hauptwerk, dem *Almagest*, eine arabische Übersetzung[8], die gründlich studiert und verbreitet wurde. Im Toledo des 12. Jahrhunderts, im damals gerade rechristianisierten Teil Spaniens, entstand ein Kontakt mit der inzwischen langsam wieder erwachenden westlichen Kultur und eine Übersetzung des *Almagest* ins Lateinische von Gerhard von Cremona. Latein war die Sprache des Klerus und damit einer noch spärlichen neuen wissenschaftlichen Kultur in den Klöstern. Diese Sprache war damals eine »lingua franca«, vergleichbar dem Englischen in der heutigen wissenschaftlichen Welt. Jeder Gelehrte verstand sie, jeder Schüler musste sie lernen. Latein und die kirchliche Organisation waren also das großen Teilen Europas gemeinsame Band. Man kann das für die in Westeuropa allmählich einsetzende kulturelle Entwicklung kaum überschätzen. Das gilt insbesondere für die seit dem 13. Jahrhundert in vielen Ländern Europas gegründeten Universitäten. Diese hatten – aus heutiger Sicht überraschend – einen gemeinsamen Lehrplan. Das erleichterte den Wechsel von Dozenten und Studenten von einer Universität zu einer anderen. Alle Studenten hatten zunächst die so genannten freien Künste zu studieren, darunter auch Mathematik, inklusive Astronomie. (Die Mathematik war zu der Zeit freilich noch sehr elementar.) Erst danach konnten sie eine der drei Fakultäten wählen: Theologie, Medizin oder Jurisprudenz. Diese Disziplinen waren allesamt von alten, kanonisierten Schriften geprägt.

8 Von dieser wurde später der geläufige Titel »Almagest« abgeleitet.

In den 200 bis 300 Jahren vor Kopernikus finden wir eine langsame Entwicklung westlicher Wissenschaft zu mehr Eigenständigkeit, die ich hier nur sehr kurz skizziere. Schon 1230 schrieb Johannes von Sacrobosco[9] seine noch lange wirksame Schrift *Sphaera*, in der er Theorien des Ptolemäus und arabischer Autoren zusammenstellte. Im 14. Jahrhundert lehrten in Paris sehr selbstständige Denker wie Buridan und sein Schüler Oresme; sie verstanden es, Alternativmodelle zu Ptolemäus, darunter auch solche mit einer Erdbewegung, jedenfalls zu erwägen und in ihren Konsequenzen zu erörtern. Im 15. Jahrhundert wurde der Buchdruck erfunden und trug erheblich zur Verbreitung auch wissenschaftlicher Literatur bei. Das Werk *Theoricae novae planetarum* des in Wien lehrenden Georg Peuerbach, ein sehr geschätztes neueres Lehrbuch, konnte so bereits im Druck erscheinen (1473).

Mitte des 15. Jahrhunderts ging das oströmische Reich mit dem Fall Konstantinopels zugrunde, begleitet von einer gewissen Drift von Forschern und wichtigen Werken nach Westen, vor allem Italien, unterstützt durch den einflussreichen Kardinal Cusanus. Dadurch fanden einige Dialoge Platons im Westen wieder Verbreitung und sorgten für ein Gegengewicht zur vorherrschenden aristotelischen Philosophie, vor allem in einigen norditalienischen Universitäten, in Wien und in Krakau.

1492 wurde bekanntlich Amerika »entdeckt«, was zwar zunächst keine großen Auswirkungen auf die Wissenschaft hatte, aber eine beachtliche Rolle für das europäische Selbstwertgefühl spielte. Dasselbe Jahr sah auch die Publikation der (nach einem spanischen König benannten) *Alphonsinischen Tafeln* der Gestirnsbewegungen.

In diese Zeit hinein wurde in Thorn Kopernikus geboren (1473).[10] Er lebte hauptsächlich im Ermland, einem nordöstlichen Grenzland des kirchlichen Reiches, zwischen einerseits Gebieten des Deut-

9 Latinisierung des englischen Namens »Holywood«.

10 Neuerdings liegt mit Robert Westmans Studie *The Copernican Question. Prognostication, Skepticism, and Celestial Order* (2011) eine detaillierte Auseinandersetzung mit Kopernikus' ursprünglichem Anliegen und dessen Auswirkungen im 16. Jahrhundert vor. Westman vertritt die These, dass Kopernikus von Problemen ausging, vor die sich die Astrologen durch die scharfe Kritik in Pico della Mirandolas *Disputationes* von 1496 gestellt sahen; dabei spielte die in der herkömmlichen Astronomie zweifelhafte Anordnung von

schen Ordens und Preußens, andererseits dem Königreich Polen. Er stammte aus einer wohlhabenden Familie, aus der etliche Mitglieder hohe Ämter in der Kirche innehatten. Dazu zählte der Bischof von Ermland, sein Onkel, der ihn schon früh mit kirchlichen Pfründen versorgte und Einfluss auf seine Karriere nahm. 1491 ging Kopernikus an die angesehene Universität Krakau, die bestimmt war von einer humanistischen Tradition und an der er auch gut in Mathematik und Astronomie eingeführt wurde. 1495 wurde er zum Kanonikus und Domherrn ernannt, aber sehr schnell beurlaubt, um ab 1496 in Norditalien seine eigentlichen Studien aufzunehmen.

In Bologna und Padua studierte Kopernikus Jura (Kirchenrecht), Medizin und auch weiter Astronomie. Es liegen fast keine Quellen vor, welche Gegenstände ihn besonders fesselten. Man kann nur annehmen, dass die dort diskutierte neuere und leicht anti-aristotelische Philosophie des Buridan dazu gehörte. Auch kennen wir Kopernikus' Handexemplar des Peuerbachschen Werkes. 1503 wurde Kopernikus in Ferrara zum Doktor des kanonischen (Kirchen-) Rechts promoviert und ging danach zurück ins Ermland.

Es war nun keineswegs so, dass Kopernikus im Ermland vor allem an seinem astronomischen Werk arbeitete. Man weiß zwar, dass er schon in den frühen Jahren des 16. Jahrhunderts einen Entwurf dafür schrieb, aber zunächst einmal war er damit beschäftigt, seinen bischöflichen Onkel als Arzt zu versorgen. Auch der Kirchendienst erforderte allerhand Tätigkeiten. Insgesamt wissen wir wenig, wann und wie er sein astronomisches Werk zustande brachte. Lediglich der *Commentariolus* genannte Entwurf von etwa 1510 ist bekannt. Kopernikus hatte ihn handschriftlich an einige Freunde und Gelehrte geschickt und so eine gewisse Bekanntschaft seiner Ideen erzeugt. Im *Commentariolus* ist ausgedrückt, dass die Erde sich doppelt bewegt, nämlich einmal um die eigene Achse rotiert und so den Eindruck erweckt, der gesamte Himmel drehe sich täglich um die Erde, und zum anderen einen jährlichen Umlauf um die Sonne vollführt. Auch nahm Kopernikus bereits die Himmelskugel – oder die Entfernung der Fixsterne – als wesentlich größer an als seine ptolemäischen Vorgänger. Die Be-

Merkur und Venus eine wichtige Rolle. – Für eine etwas ältere Studie zu Kopernikus siehe Martin Carrier, *Nikolaus Kopernikus*, München: Beck 2001.

gründung dafür ist überzeugend, aber schwierig einzusehen. Es handelt sich bei Kopernikus' sehr viel größeren Dimensionen des Kosmos also nicht um eine Ad-hoc-Annahme, um das Fehlen einer Parallaxe zu erklären, die sich bei einem Umlauf der Erde um die Sonne eigentlich ergeben müsste (Abb. 1.5): Von verschiedenen Punkten der Erdumlaufbahn aus erscheint derselbe Fixstern in verschiedenen, um den Winkel *j* differierenden Richtungen.

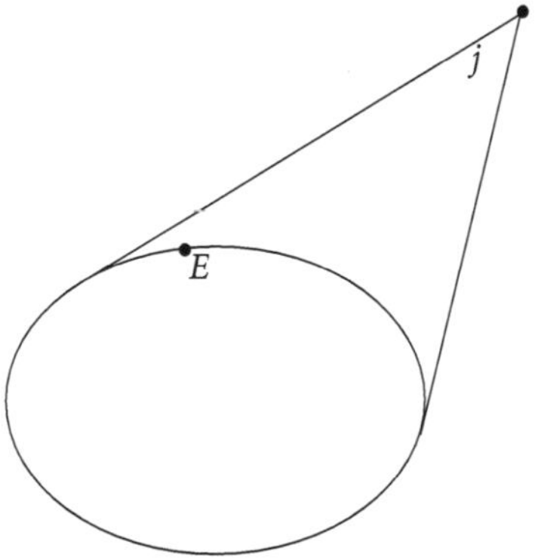

Abb. 1.5: *Parallaxe*

Tatsächlich sind die Fixsterne noch viel weiter entfernt von unserem Planetensystem, als Kopernikus annahm. Entsprechend ist die Parallaxe sehr klein und konnte erst 1837 mit sehr viel feineren Beobachtungsverfahren festgestellt werden.

Der Commentariolus wurde wohlwollend aufgenommen. Das zeigt sich zum Beispiel daran, dass Kopernikus gebeten wurde, bei der Kalenderreform mitzuwirken, die damals von der Kirche angestrebt wurde. Die Kalenderreform sollte auf dem Konzil 1512–1517 beschlossen werden. Kopernikus aber gab zu bedenken, dass die damals vorliegenden Daten noch nicht genau genug seien. Tatsächlich wurde eine Kalenderreform erst 1582 verabschiedet, also lange nach Kopernikus' Tod.[11]

[11] In der Kalenderreform wurde unter anderem beschlossen, 10 Tage ausfallen zu lassen, weil sich die bis dahin angenommene Länge des Jahres als zu groß herausgestellt hatte. In den darauffolgenden Jahrzehnten sieht man oft zwei Daten für ein Ereignis angegeben, eines nach dem älteren Kalender, das

Kopernikus' Hauptwerk, *De revolutionibus orbium coelestium*[12], wurde erst 1543, im Jahr seines Todes, publiziert. Wann er es geschrieben hat, wissen wir nicht genau. Jedenfalls muss das Grundgerüst lange vor Erscheinen des Werks bestanden haben. Die Kunde, dass Kopernikus eine ungewöhnliche Astronomie entworfen habe, hatte schon vor dem Erscheinen von *De revolutionibus* etliche Gelehrte erreicht, darunter Joachim *Rheticus*, einen Schüler Melanchthons und jungen Mathematiker an der soeben erst gegründeten Universität Wittenberg. Wittenberg war Ausgangspunkt der lutherischen Reformation (1517) gewesen, die sich schnell verbreitete und sich bald in vielen Ländern Mittel- und Nordeuropas durchsetzte. Schon vor Luther hatte es Reformbewegungen an mehreren Orten gegeben, aber erst Luthers Reformation hatte einen nachhaltigen Einfluss.

Kopernikus' Ermland blieb katholisch, vor allem wohl wegen seiner Verbundenheit mit dem katholischen Polen. Ein Austausch zwischen katholischen und protestantischen Ländern war noch möglich, und Rheticus, der sich von Kopernikus' Weltsicht sehr angezogen fühlte, machte sich auf den Weg ins Ermland, um von Kopernikus selbst Näheres zu erfahren. Rheticus blieb eine längere Zeit dort und setzte viel daran, Kopernikus zur Publikation seines Werkes zu bewegen. Der war aber sehr zögerlich, und es kam 1539 zunächst nur zur Veröffentlichung einer *Narratio prima* unter Rheticus' Namen, gleichsam als Testballon. Schließlich aber konnte Rheticus Kopernikus überzeugen und bekam den Auftrag, Kopernikus' Werk drucken zu lassen. Die Drucklegung erfolgte in Nürnberg in einer für wissenschaftliche Publikationen anerkannten Druckerei. Das Drucken eines Werkes wie das des Kopernikus war damals noch besonders aufwändig und erforderte die Aufsicht

andere nach dem neuen. – Eine ganz hübsche Darstellung der praktischen Folgen der Kalenderreform hat Abner Shimony 1998 mit seinem *Tibaldo and the Hole in the calendar* vorgelegt, deutsch unter dem Titel *Der Kampf um den verlorenen Tag: Eine Geschichte aus der Renaissance*, Basel: Birkhäuser 1998.

12 Den Ausdruck *orbis*, verwandt dem englischen ›orbit‹, verwendet Kopernikus sowohl für die Kreisbahn eines Planeten als auch für die Kugelschale, die den Planeten trägt. – Die *revolutiones* haben nichts mit Revolutionen zu tun, sondern sind einfach als Umläufe zu verstehen.

von Fachleuten. Rheticus konnte jedoch nicht die gesamte Drucklegung überwachen, einen Teil besorgte der Theologe *Osiander*. Das war eine folgenschwere Änderung des ursprünglichen Plans, denn Osiander fügte dem Werk ein anonymes Vorwort hinzu, in dem die realistischen Ansprüche des Werkes zurückgenommen wurden, so dass der Eindruck entstand, es sollten nur astronomische *Hypothesen* erörtert werden. Unter Hypothesen verstand man damals Annahmen ohne Wahrheitsanspruch. Kopernikus wollte gewiss mehr als nur Hypothesen vortragen, wie zum Beispiel schon in seiner Widmung an Papst Paul III. deutlich wird.

Es ist nicht bekannt, ob Kopernikus sein erschienenes Werk noch lesen und eventuell darauf reagieren konnte. Es scheint jedoch nicht der Fall gewesen zu sein, denn Osianders abwiegelndes Vorwort hätte ihn sicherlich sehr gestört, wie es auch Kopernikus' Freunde empört hat. In der Fachwelt haben einige aufmerksame Leser vermutet, dass das anonyme Vorwort nicht von Kopernikus stammt, jedenfalls gibt es einzelne dahingehende Äußerungen.[13] Einen gedruckten Hinweis auf Osianders Autorenschaft finden wir jedoch erst bei Kepler, der über eine zuverlässige Quelle verfügte.

Kopernikus verbindet mit seiner Astronomie das methodologische Anliegen, ohne Äquanten, wie Ptolemäus sie benutzt, auszukommen. Das gelingt ihm mit einem System von Exzentern und Epizykeln, das er von gewissen älteren astronomischen Schulen entlehnt haben mag.[14]

Kopernikus' Anspruch, sein kosmologisches System stelle die Welt dar, wie sie wirklich ist, kommt nicht nur in seinem Widmungsschreiben an den Papst zum Ausdruck, sondern auch in ge-

13 Der Florentiner Dominikaner und Astronom Giovanni Maria Tolosani (1470/1–1549) verfasste schon wenige Jahre nach Erscheinen von *De revolutionibus* eine scharfe Kritik des ersten Buches dieses Werks, aus der hervorgeht, dass er erkannt hatte, dass das Vorwort von einem anderen Autor als Kopernikus stammt. Tolosanis Kritik wurde jedoch nicht veröffentlicht (vgl. Westman 2011, p. 195 ff.). Erst im 17. Jahrhundert nahm die katholische Kirche Anstoß an Kopernikus' Werk und setzte es auf den Index, und das wohl auch aus kirchenpolitischen Gründen und im Zusammenhang mit der Zuspitzung der Auseinandersetzung durch Galileis Schriften; vgl. z. B. Maurice A. Finocchiaro, *The Galileo Affair*, Berkeley etc.: The University of California Press 1989.

14 Vgl. unten zu Tycho sowie Carrier, a. a. O., Abschn. 4.2.

wissen eher philosophischen Textteilen, die das ansonsten trockene mathematische Werk unterbrechen, so in dem 10. Kapitel des 1. Buches mit einer geradezu hymnischen Sonnenverehrung, die der vorgeschlagenen zentralen Stellung der Sonne entspricht. Aber welche Argumente hatte er eigentlich dafür? Wenn man, wie es viele tatsächlich taten, sein Werk als orthodoxe Astronomie liest, also als eine Theorie, die Himmelsbewegungen mathematisch wiedergibt, so muss man feststellen, Kopernikus' Werk ist kaum überzeugender als das des Ptolemäus. Er kommt auch nicht mit weniger Hilfsmitteln wie Exzentern und Epizykeln aus. Kopernikus' Vorteil ist vor allem, dass er die merkwürdigen Schleifenbahnen der Planeten, so wie wir sie sehen, einfach aus der Bewegung der Erde um die Sonne erklärt. Darüber hinaus gibt es einen entscheidenden, aber nicht so ins Auge springenden, subtilen Grund: Er kann von seiner Sicht aus begründen, in welchen Abständen sich die Planeten um den Zentralkörper bewegen.[15] Das ist etwas, was die Astronomie des Ptolemäus übersteigt; es kann von der bei Ptolemäus angenommenen zentralen Stelle des Beobachters aus auch gar nicht eingesehen werden.

Ptolemäus' Astronomie zerfällt im Grunde genommen in getrennte Theorien der einzelnen Planeten, vereinbar sogar mit verschiedenen Reihenfolgen der Planeten. Erst in seiner »physikalischen« Schrift *Hypotheses planetarum*[16] gibt Ptolemäus nicht nur Argumente für die schon betrachtete Reihenfolge der Planeten, sondern auch für bestimmte Abstände vom Zentralkörper: Denn die Sphären der Planeten, die wegen der Epizykeln eine gewisse Dicke haben, sollen einander lückenlos umschließen, so dass Aristoteles' Forderung nach Ausschluss eines Vakuums (»horror vacui«) erfüllt wird.

Das wiederum kann Kopernikus nicht erreichen. Zwischen den Planetensphären ergeben sich nach seinen Berechnungen enorme Zwischenräume, da er mit sehr viel kleineren Epizykeln als Ptolemäus auskommt, und die Fixsternsphäre hält er für »unermesslich« groß. Dabei hat sicher eine Rolle gespielt, dass er den Einwand einer fehlenden Parallaxe (wie schon dargestellt) vorhersah. Nur wenn

15 Denn nur bei diesen (relativen) Abständen ergeben sich gerade die beobachteten Schleifen.

16 Diese Schrift konnte Ptolemäus erst Mitte des 20. Jahrhunderts zugeordnet werden; vgl. dazu z. B. Westmann 2011, p. 289.

die Fixsterne so weit weg sind, dass die Differenz der Winkel, unter denen sie erscheinen, nicht mehr wahrnehmbar ist, ist seine Theorie mit der Erfahrung vereinbar. Die Bestätigung für die tatsächlich noch viel größere Entfernung der Fixsterne (im geringsten Fall mehrere Lichtjahre) erfolgte, wie bereits gesagt, erst im 19. Jahrhundert.

Die Rezeption von Kopernikus' Buch im 16. Jahrhundert ist zwiespältig. Einerseits kennen wir nur wenige Leser, die von seinem Heliozentrismus überzeugt waren – Rheticus, den Engländer Thomas Digges (vgl. unten) und schließlich Kepler (dazu später) –, andererseits genoss Kopernikus' mathematische Behandlung der Himmelsbewegungen ein beachtliches Ansehen, weil sie genauer und leichter handhabbar war als vorherige Verfahren. Diese Vorteile konnten aber genutzt werden, ohne gleichzeitig Kopernikus' Argumente für den Heliozentrismus[17] zu übernehmen, und so geschah es auch oft.

Schon bald nach Erscheinen der *Revolutiones* schuf der (orthodoxe) Astronom Erasmus Reinhold ein Tafelwerk für die Planetenbewegungen nach Kopernikus' Berechnungen, das 1551 erschien und die ungenaueren Alfonsinischen Tafeln ersetzen konnte. Melanchthon, einer der führenden Köpfe der Universität Wittenberg, unterstützte Rheticus' Bemühen um Kopernikus, ohne Rheticus' kosmologische Ansichten zu teilen. Die vielen Kalender und Prognostica, die in jener Zeit gedruckt wurden, beruhten oft ebenfalls auf Kopernikus' Berechnungen, ohne dass man unterstellen kann, dass ihre Autoren Kopernikus' Buch wirklich verstanden haben.

Ein interessanter Fall ist der englische Astrologe Thomas Digges (1546–1595). Er ergänzte 1576 eine kurze Beschreibung der kopernikanischen Weltsicht mit einer hübschen Darstellung[18] (Abb. 1.6).

17 Genaugenommen steht bei Kopernikus nicht die Sonne im Mittelpunkt, sondern ein davon etwas entfernter Punkt. (Die Sonne ist aber klarerweise das Gestirn, um das herum sich die Planeten bewegen.) Gingerich spricht daher lieber von Heliostatik als von Heliozentrik: ›The Mercury theory from antiquity to Kepler‹, *XXe Congrès international d'Histoire des Sciences*, Paris 1968. Actes, Tome IIIA. Paris 1971, 57–64, siehe p. 57.

18 In einem Anhang, *A Perfit Description of the Caelestiall Orbes according to the most auncient doctrine of the Pythagoreans, latelye reuiued by Coperni-*

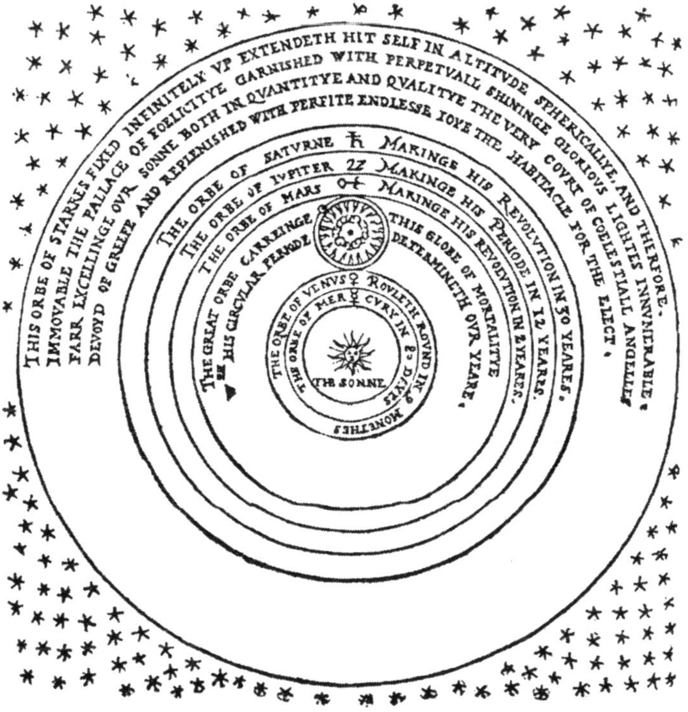

Abb. 1.6: *Das kopernikanische System nach Thomas Digges*

Auffällig ist, dass Digges die Fixsterne als unendlich im Raum verteilt darstellt. Kopernikus hatte die Frage der Unendlichkeit des Raumes, als eine naturphilosophische, offen gehalten.

Auf philosophischer Seite sollte ich noch Giordano Bruno nennen, der Kopernikus' Auffassung, dass unser Planetensystem sich um die Sonne bewegt, teilte, aber weit über Kopernikus hinaus ging, indem er ein phantastisches Bild einer unendlichen Welt entwarf, in der es viele Planetensysteme um die, als Sonnen verstandenen, Fixsterne gibt – ein aus heutiger Sicht nicht ganz falsches System, aber seinerzeit rein spekulativ entworfen. (Vgl. dazu auch die mit

cus and by Geometricall Demonstrations approued, zur Herausgabe (1576) der Schrift seines Vaters Leonard Digges, *A Prognostication everlasting*.

viel Scharfsinn entwickelte Kosmologie des Cusanus im 15. Jahrhundert.[19])

Gegen Ende des 16. Jahrhunderts trat ein vor allem empirisch vorzüglicher Astronom auf den Plan, der Däne Tycho Brahe[20], der sich einen Fundus von (für die damalige Zeit) sehr genauen Daten über die Planetenbewegungen erarbeitet hatte. (Er war reich genug, um sich in dieser noch vorteleskopischen Zeit die besten damals erhältlichen Instrumente leisten zu können.) Brahe war von Kopernikus angezogen, schätzte die Vereinfachungen, die sich aus der Annahme der Zentralstellung der Sonne im Planetensystem ergeben, lehnte aber doch Kopernikus' kosmologische Theorie ab; zu sehr widersprach sie der aristotelischen Weltsicht und unseren alltäglichen physikalischen Erfahrungen, die auf einer bewegten Erde anscheinend ganz andere wären. Brahe schuf daher ein eige-

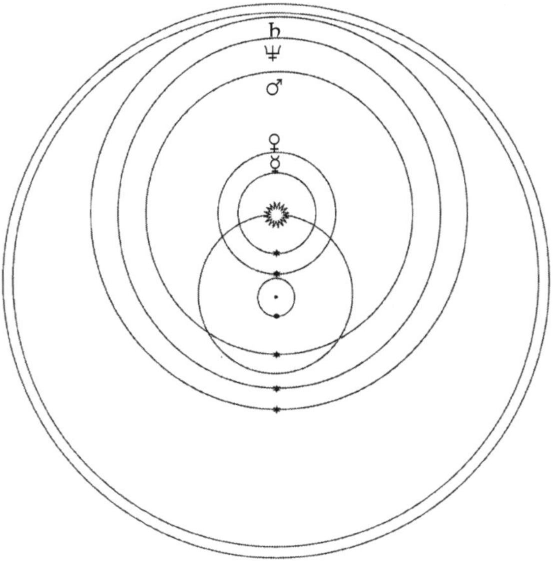

Abb. 1.7: *Tychos System*

[19] Cusanus reflektiert in theologischem Gewand die Möglichkeit eines unendlichen Universums.

[20] Vgl. zu diesem und zu Keplers Verhältnis zu ihm auch Kap. 2.

nes System[21], das die Vorteile des Systems von Kopernikus mit dem alten Geozentrismus verbindet (Abb. 1.7). Danach ruht die Erde in der Mitte, umrundet nur von Mond und Sonne, während die übrigen Planeten um die Sonne kreisen. Man beachte, dass die Planeten Merkur, Venus und Mars die Bahn der Sonne kreuzen und das System daher materielle Sphären der Planeten ausschließt. – Dieses Kompromiss-System zog viele Leser an und konnte sich bis weit ins 17. Jahrhundert halten – trotz der enormen Geschwindigkeit, mit der die weit entfernten Fixsterne darin umlaufen (wie in Ptolemäus' System).

Es gibt Überlegungen, dass Kopernikus ein System in der Art Tychos erwogen, aber verworfen haben mag, weil er den Planetensphären Realität zuschrieb. Das hätte ihn dann zur heliostatischen Hypothese geführt, die ebenfalls mit seiner Konstruktion von Exzentern und Epizykeln vereinbar ist.[22]

21 Tycho Brahe: *De Mundi aetherii recentioribus phaenomenis*, 1588, in *Tychonis Brahe Dani opera omnia*, ed. J. L. E. Dreyer, Kopenhagen 1913–1929.

22 Carrier, a. a.O., Abschn. 4.4, unterstützt eine solche »internalistische« Lesart Kopernikus'; dessen heliozentrische Hypothese sei als »Kunstgriff« eingeführt worden (S. 82, auch 175). Carrier beruft sich u. a. auf Robert Westman, ›Two Cultures or One? A Second Look at Kuhn's *The Copernican Revolution*‹, Isis 85, 79–115. Westman bemerkt allerdings p. 91, dass es eine offene Frage sei, ob das Problem der Natur der Sphären/Bahnen (»orbits«) Kopernikus' Ausgangspunkt gewesen sei. Eine wohl plausiblere Alternative wäre Kopernikus' Rückgriff auf neoplatonische Vorstellungen von der zentralen Bedeutung der Sonne.

2. Keplers Werk im Überblick

Wir kennen Kepler als einen großen Astronomen. Er war einer der Ersten, der Kopernikus' neues Weltbild, demzufolge die Sonne im Mittelpunkt des Planetensystems steht, begeistert aufnahm. Er verteidigte aber nicht nur Kopernikus, sondern schuf ein kopernikanisches System, das an Schlüssigkeit und empirischer Fundierung weit über Kopernikus hinausging. Vor allem fand er heraus, dass die Planeten sich nicht auf Kreisen, sondern auf Ellipsen um die Sonne bewegen, wobei die Sonne nicht im Zentrum, sondern in einem der beiden Brennpunkte der Ellipse, F_1 und F_2, steht (Abb. 2.1, in Wirklichkeit weichen die Planetenbahnen weniger von Kreisen ab als dargestellt). Dadurch variiert die Entfernung eines Planeten von

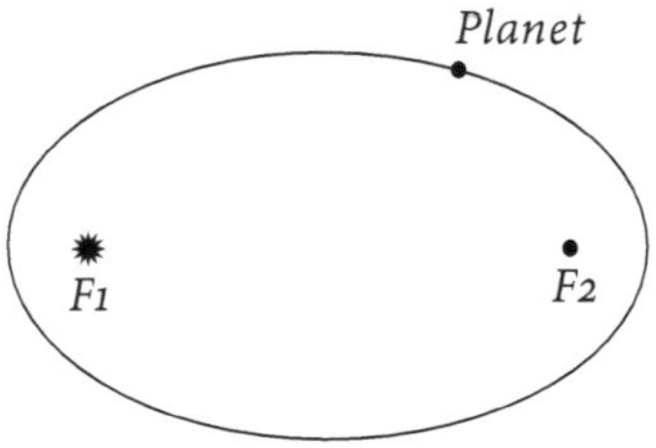

Abb. 2.1

der Sonne. In Sonnennähe bewegen Planeten sich schneller, in größerer Entfernung von der Sonne langsamer. Kepler konnte sogar ein Gesetz finden, das diese variable Geschwindigkeit regelt. Diese Ergebnisse stehen in seinem vor gut 400 Jahren erschienenen astronomischen Hauptwerk, der *Astronomia Nova* von 1609. Dieses Buch ist ein entscheidender Schritt auf dem Weg zu dem neuen physikalischen Weltbild, wie wir es noch heute kennen.

Es war ein langer, mühsamer Weg dorthin, beginnend mit Kopernikus' Umwälzung der Welt im Jahre 1543 und endend mit Newtons genialer mathematisch-physikalischer Synthese von 1687. Etwa in der Mitte dieser ca. 150-jährigen Geschichte stellt Kepler die entscheidenden Weichen für die neuzeitliche Himmelsphysik, eine Disziplin, wie sie die Antike, das Mittelalter und auch die Renaissance noch nicht kannten.

Etwa gleichzeitig mit Kepler hat Galilei wichtige Grundlagen der irdischen Physik im modernen Sinne geschaffen. Seine Ideen vertrugen sich jedoch nicht mit denen Keplers, und es blieb im Wesentlichen Newton vorbehalten, aus beidem eine fruchtbare Synthese zu entwickeln (Abb. 2.2).

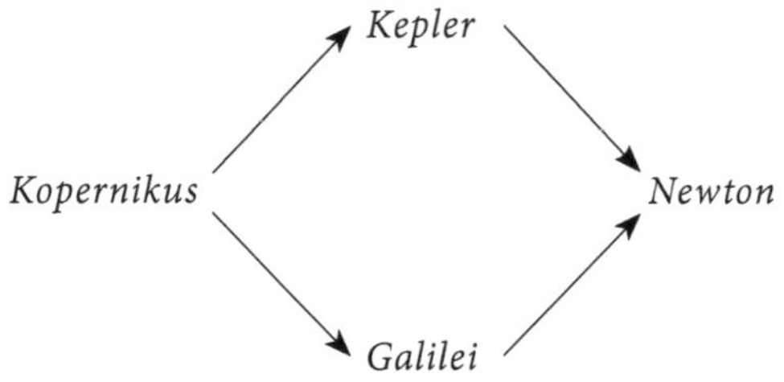

Abb. 2.2

Dies ist natürlich nur ein sehr grobes Bild der historischen Entwicklung, und wir werden es in mancherlei Hinsicht zu verfeinern haben.[23] Mir geht es hier jedoch primär um etwas anderes, nämlich um *Keplers eigene Sichtweise*, nicht seinen Beitrag zur »Kopernikanischen Revolution«, wie sie sich uns aus heutiger Sicht darstellt.

Keplers Hauptanliegen zielte nämlich auf etwas sehr eigenes: eine *Weltharmonik*. Er war seit jungen Jahren davon überzeugt, dass die Himmelsbewegungen aus einer ihnen eigenen Harmonie zu verstehen sind, einer Harmonie, die sich erst auf dem Hintergrund von Kopernikus' Sichtweise des Kosmos entschlüsseln lässt. Dazu brauchte er die genauen Maße des Kosmos und die wirklichen Bewegungen der Himmelskörper, nicht nur die Bewegungen, wie

23 Wer einen weiten Überblick bekommen möchte, dem sei Koestlers immer noch gut lesbare und lebendig geschriebene Darstellung in seinem Buch »Die Nachtwandler. Die Entstehungsgeschichte unserer Welterkenntnis« empfohlen. Original: *The Sleepwalkers: A History of Man's Changing Vision of the Universe*, New York 1959. Das Buch enthält ein über 200 Seiten starkes Kapitel über Kepler. Die erste deutschsprachige Ausgabe erschien unter dem Titel »Die Schlafwandler. Das Bild des Universums im Wandel der Zeit«, Bern 1959.

sie sich uns, auf unserer selbst bewegten Erde, darstellen. Das war keine einfache Sache, und Ende des 16. Jahrhunderts, als er seine Pläne für eine Weltharmonik fasste, fehlten ihm noch fast alle dafür nötigen Daten. Er hatte lediglich in seinem *Mysterium Cosmographicum* von 1596[24] ein anschauliches geometrisches Weltmodell entwickelt, das mit Kopernikus' Weltbild gut übereinstimmte, aber, wie Kepler sehr wohl sah, einer genaueren empirischen Bestätigung bedurfte. Kopernikus selbst hatte kaum neue astronomische Beobachtungen getätigt, und Kepler fehlten dazu die passenden teuren Geräte, die er sich nicht leisten konnte. Über die bei weitem besten Daten seiner Zeit verfügte der schon erwähnte dänische Edelmann Tycho Brahe, dessen Nähe Kepler deshalb suchte und der auch seinerseits sich der Mithilfe Keplers vergewissern wollte, weil er dessen ungewöhnliche mathematische Begabung erkannt hatte.[25]

Tycho Brahe war noch in anderer Hinsicht für Kepler – und alle Astronomen seiner Zeit – höchst bedeutsam. Brahe hatte nachgewiesen, dass Kometen wie der von 1577, die sich der Erde nähern und dann wieder verschwinden, sich keineswegs nur in dem Bereich »unter dem Monde«, sprich: innerhalb der Bahn, die der Mond um die Erde beschreibt, bewegen, sondern von weit draußen kommen und auch dahin zurückkehren. Dabei »durchschlagen« sie die Sphären, die nach damaliger Vorstellung die Planeten tragen; mit anderen Worten: Diese Sphären können nicht materiell sein. Kepler war wohl der erste, der ernsthaft fragte: Was hält die Planeten auf ihren Bahnen, wenn sie nicht von Sphären getragen werden?[26]

Er hat im Laufe der Jahre dazu verschiedene Ideen entwickelt, zunächst animistische. In der Sonne wohne eine *anima motrix*, eine bewegende Seele, die die Planeten auf ihren Bahnen herumtreibt. Auch die Planeten selbst seien animiert und würden mit ihren Seelen der Sonnenseele korrespondieren. Die Seelenkräfte der Sonne

24 Vgl. u. Kap. 3.

25 Hierüber mehr in Kap. 3.

26 Dies war Kepler schon in seiner Studienzeit ein Problem, dem er anhand naturphilosophischer Schriften, z. B. von Scaliger, nachging und das ihn zu der für Astronomen damals ungewöhnlichen Sicht führte, die Sonne sei effektive Ursache der Planetenbewegung (vgl. Westman 2011, ch. 11, p. 316 ff.). Westman untersucht auch die mögliche Rolle astrologischer Überlegungen beim jungen Kepler (ibid., p. 320 ff.).

wurden von Kepler einem gleichsam physikalischen Gesetz unterworfen: Die Kräfte sind in Sonnennähe am stärksten und nehmen nach außen hin ab, daher die schnelleren Umläufe derjenigen Planeten, die der Sonne näher sind. Diese Vorstellungen Keplers waren keineswegs anachronistisch, sie entsprachen nur dem damals weniger nüchternen Weltbild. Dazu passt Keplers ursprüngliche Vorstellung, dass die Planeten aus sich selbst heraus leuchten, nicht nur von der Sonne beschienen werden und dies Licht auf die Erde zurückwerfen. Diese Sichtweise erwies sich freilich schon bald als obsolet, nämlich durch die Beobachtungen der Planeten, die Galilei 1610 mittels eines Fernrohrs machte. Diese zeigten, dass zum Beispiel die Venus »Phasen« hat wie der Mond, je nachdem von wo aus sie von der Sonne beschienen wird. Kepler gab schließlich seine animistischen Vorstellungen auf oder drängte sie weit zurück und sprach lieber von einer *vis motrix*, einer der Sonne innewohnenden Kraft, die die Planeten bewegt. Das ist natürlich erst einmal nur ein neues Wort, und Kepler bemühte sich, genauer auszuführen, wie diese Kraft wirkt und welche quantitativen Bestimmungen dabei gelten. Solche Überlegungen fließen immer wieder mit ein in seine »Neue Astronomie«, die er deswegen auch »physikalische Astronomie« nennt.

Dieses große Werk war zum Teil seiner Stellung am kaiserlichen Hof geschuldet. Zunächst war er dort Assistent Tycho Brahes, der ihn mit der Arbeit am Mars betraute; dessen Bahn ist vergleichsweise stark exzentrisch, was die mathematische Behandlung schwierig macht. Tycho erwartete von Kepler, dass er die Theorie des Mars einfügte in sein eigenes Modell des Planetensystems, jene merkwürdige Kreuzung des alten ptolemäischen Weltbilds, mit der Erde in der Mitte, und der kopernikanischen Auffassung einer Bewegung der Planeten um die Sonne (vgl. Abb. 1.7). Man kann sich leicht überlegen, dass die Planetenbewegungen von Tychos ruhender Erde aus genau so erscheinen wie von Kopernikus' bewegter Erde. Entsprechend lassen sich die mathematischen Beschreibungen in einem System umrechnen auf Beschreibungen im anderen System. Kepler gibt zunächst, Brahe zuliebe, beide Berechnungen an (und, für die Vielzahl konservativer Astronomen, zusätzlich auch noch die ptolemäischen Bestimmungen). Nun starb Tycho aber bereits im Jahre 1601, und Kepler wurde sein Nachfolger als

»kaiserlicher Hofmathematiker«. Er blieb jedoch den Erben Tychos verpflichtet, so dass seine Darstellung in der »Neuen Astronomie« von dieser Rücksichtnahme geprägt blieb.[27]

Erst als die »Astronomia nova« im Jahre 1609 endlich erschienen war, konnte er sich wieder auf sein eigentliches Projekt: die Weltharmonik, konzentrieren. Freilich hatte Kepler zunächst mit enormen persönlichen Schwierigkeiten zu kämpfen. In den folgenden Jahren gab es um Prag einen Bürgerkrieg, der Kaiser verlor an Macht und starb bald. Zwar erneuerte der neue Kaiser seinen Titel als kaiserlicher Hofastronom, doch wollte er ihn gar nicht so nahe bei sich haben. Kepler musste sich so mit einem provinzielleren Wirkungsort zufrieden geben, zog nach Linz in Österreich und arbeitete dort für ein bescheidenes Entgelt wiederum als »Landschaftsmathematicus«[28], wie in ganz jungen Jahren in Graz. Seine Frau erkrankte schwer und starb, ebenso seine Lieblingstochter. Trotzdem gelang es Kepler in diesen schwierigen Jahren immer wieder, seine Kräfte für das Harmonie-Projekt zu sammeln.

Inzwischen war die Lage freilich diffiziler geworden. Denn an die Stelle der einfachen Kreisbewegungen der Planeten waren die elliptischen Bahnen getreten, auf denen die Planeten umlaufen. Während ein Kreis sich durch nur einen einzigen Parameter beschreiben lässt: seinen Radius, bedarf es bei der Ellipse deren zwei: z. B. ihrer großen und ihrer kleinen Halbachse a und b (Abb. 2.3). Wenn also

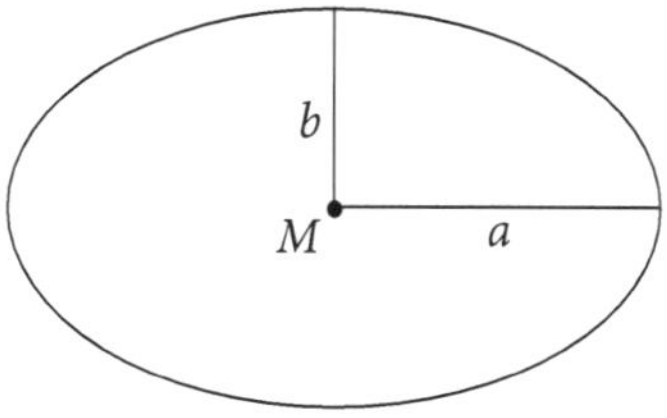

Abb. 2.3

27 Vgl. James Voelkel, *The Composition of Kepler's »Astronomia Nova«*, Princeton University Press 2001.

28 In dieser Position oblag Kepler u. a. die Landvermessung sowie Unterricht in allerlei mathematischen Fragen, wozu damals auch Astronomie und Astrologie gehörten. Er verstand es aber, vor allem seine wissenschaftlichen Arbeiten fortzusetzen.

die Gestalt des Planetensystems ursächlich sein soll für Harmonien, so haben wir mit Keplers Weltbild ein vielfältigeres System zu berücksichtigen als mit der alten Kosmologie. Eine entsprechende Komplikation ergibt sich, wenn die Geschwindigkeiten der Planeten Harmonien aufweisen sollen: Jeder Planet hat nicht nur eine, gleich bleibende Geschwindigkeit, sondern variiert seine Geschwindigkeit zwischen der größten, die er in Sonnennähe hat, und der kleinsten in Sonnenferne.

Andererseits war auch die musikalische Harmonik zu Keplers Zeit differenzierter, als sie es in der Antike war, aus der die frühen Versuche stammen, Himmelserscheinungen und musikalische Harmonien in Einklang zu bringen. Kepler sieht sich also vor der Aufgabe, zwei komplexere Systeme zu korrelieren, und eben das gelingt ihm in seiner Weltharmonik. Ich werde dieses Projekt in Kapitel 8 ausführlicher vorstellen und kommentieren und will dem hier nicht weiter vorgreifen. Zuvor werde ich einige dafür wichtige Schritte seines Lebenswerks präsentieren, wozu außer den schon genannten Schriften *Mysterium Cosmographicum* und *Astronomia Nova* auch Arbeiten zur Optik und zur Astrologie gehören (Kap. 3 bis 6).

Zur *Biographie* Keplers beschränke ich mich auf wenige Angaben, da es dazu gut lesbare Texte gibt.[29]

29 Eine sehr lebendige Darstellung findet sich in Thomas De Padova: *Das Weltgeheimnis. Kepler, Galilei und die Vermessung des Himmels.* München: Piper 2009. Diese Schrift stellt vor allem auf das Verhältnis von Kepler zu seinem Zeitgenossen Galilei ab. Es gelingt de Padova, ein im Großen und Ganzen überzeugendes Bild der Beziehung der beiden aufeinander zu zeichnen, obwohl es nur spärliche direkte Kontakte zwischen ihnen gab. Darüber hinaus erfahren wir eine Fülle aufschlussreicher Details aus ihren Leben. – Auf Keplers Weltharmonik legt de Padova weit weniger Gewicht, als ich es in diesem Buch tue.

3. Frühe Spekulation: *Mysterium Cosmographicum* (1597)

Bereits mit 25 Jahren, 1596, hat Kepler sein erstes kosmologisches Werk abgeschlossen, das sogenannte *Mysterium Cosmographicum*, das im Jahr danach veröffentlicht wurde. Zu dieser Zeit war er Mathematiklehrer in Graz, wohin ihn die Tübinger Universität 1594 wegen seiner besonderen mathematischen Fähigkeiten geschickt hatte. Er lehrte dort an der protestantischen Stiftsschule, inmitten der katholischen Steiermark. Kepler war in eher armen Verhältnissen aufgewachsen, geboren 1571 in der kleinsten der freien Reichstädte, Weil der Stadt in Württemberg. Dieses Land war protestantisch, Weil der Stadt aber, als Freie Reichsstadt direkt dem Kaiser unterstellt, katholisch. Zeit seines Lebens hatte Kepler sich mit konfessionell verwickelten Verhältnissen abzufinden. Er blieb treuer Lutheraner, auch als er später an Luthers rigoroser Abendmahlsauffassung zweifelte und vom Abendmahl ausgeschlossen wurde.

Bei Keplers Herkunft war an eine höhere Bildung zunächst nicht zu denken. Aber da er aufgrund seiner Begabung auffiel, bekam er ein Stipendium der lutherischen Kirche und konnte damit, nach dem Besuch einer Lateinschule, an der Landesuniversität Tübingen theologische Studien aufnehmen. Im Rahmen des für alle Studierenden verbindlichen Grundstudiums hörte er auch astronomische Vorlesungen des Tübinger Lehrers Maestlin. Dieser war einer der wenigen, die damals mit Kopernikus' Lehre vertraut waren und diese auch in der Lehre zur Sprache brachten. So kam es, dass auch Kepler davon erfuhr. Offenbar hat Kepler eine große Zuneigung zu dieser Lehre gespürt, aber natürlich sah er, dass es für sie bis dahin keine wirklich durchschlagenden Argumente gab. Das ließ ihm offenbar keine Ruhe, und so kam es, dass er darüber nachdachte, wie er Kopernikus' Auffassung unterstützen könne. Es war nicht nur Kopernikus' astronomischer Vorschlag des Heliozentrismus, der Kepler überzeugte, sondern generell die realistische Haltung, mit der Kopernikus auftrat: dass die Astronomie tatsächlich etwas über den Bau des Kosmos zu lehren hat und nicht nur die Aufgabe, Sternbewegungen richtig vorherzusagen.[30]

Als Kepler sein *Mysterium Cosmographicum* (im folgenden ›*MC*‹) fertiggestellt hatte, legte er es seinem Lehrer Maestlin vor, der gegenüber der Universität Tübingen die Veröffentlichung befürwortete.[31]

Im *Mysterium Cosmographicum* skizziert Kepler ein anspruchsvolles Problem: Dieses Buch sei nur der Vorbote (*prodomus*) einer umfassenden Kosmologie, die er später vorzulegen gedenke. Der, immer noch abgekürzte, Titel lautet: *Prodomus dissertationum cosmographicum continens Mysterium Cosmographicum*. In dieser ersten gedruckten Schrift gehe es zunächst um die Erklärung dreier Phänomene, die er bereits im Titel der Schrift aufführt, nämlich 1. die Anzahl der Planetensphären, 2. ihre Größen und 3. die Bewegung der Planeten (bzw. ihrer Sphären). Bereits in der Vorrede erläutert er sehr freimütig, welche Versuche er unternommen habe, den ersten beiden der drei Phänomene einen systematischen Sinn zu geben, natürlich im Hinblick auf die Überlegungen des Schöpfers, die diesen dazu geführt hätten, die Welt so und nicht anders einzurichten.

Ich erkläre zunächst, wie Kepler das zweite der drei Probleme angeht, die Größen der Planetenumläufe. In der Ptolemäischen Astronomie, oder besser gesagt: in deren physikalischer Interpretation, waren diese Größen schlicht dadurch bestimmt, dass die Planetensphären einander berührten, also keine Zwischenräume ließen. Kopernikus hingegen bemaß die Sphären so, dass daraus die Schleifenbewegungen der Planeten, so wie sie uns erscheinen, entstehen. Das führte dazu, dass die Sphären sehr viel größer ausfielen

30 Westman weist nach, dass Maestlin der einzige kopernikanische Lehrer war, der nicht nur Kopernikus' neuartige und vereinfachende Rechnungen lehrte, sondern auch dessen *Erklärungen* (Westman 2011, ch. 11, p. 314). Er vermutet, dass Kepler beeindruckt war von Maestlins kopernikanischer Analyse der Bewegung des Kometen von 1577, die sich deutlich abhob von der traditionellen Einschätzung als eines nur metereologischen Phänomens (ibid., p. 316).

31 Und nicht nur das: Maestlin trug Illustrationen bei und publizierte gleichzeitig eine annotierte Fassung von Rheticus' *Narratio prima* sowie einen eigenen Text zu Kopernikus' Distanzen (vgl. Westman 2011, ch. 11, p. 315).

als bei Ptolemäus und vor allem riesige Zwischenräume entstanden – eine Herausforderung für jeden aristotelischen Naturphilosophen. Kepler ist der erste, der die neuen Größenverhältnisse in Diagrammen vor Augen führt.[32]

Anfänglich, so berichtet Kepler, habe er diese Verhältnisse in der Hoffnung studiert, in den Zahlen selbst eine Lösung zu finden. Das war ihm jedoch nicht möglich. Um zu etwas Passenenderem zu kommen, scheute er sich nicht, fiktive Planeten einzuführen, etwa zwischen Mars und Jupiter, zwischen denen ein deutlich größerer Abstand besteht als zwischen den inneren Planeten.

Ein solches ad hoc-Mittel konnte allerdings sein *erstes* Problem nicht lösen. Auch befriedigte ihn nicht die (z. B. von Rheticus vorgetragene) Erklärung, es gebe gerade sechs Planeten, weil 6 eine heilige Zahl sei, nämlich »vollkommen«: 6 ist die Summe seiner Teiler 1, 2 und 3. Man dürfe »seine Beweise nicht von den Zahlen ableiten«, die erst »eine besondere Bedeutung aus Dingen, die *nach* der Welt entstanden sind, erlangt haben«.[33]

Eine weitere Überlegung arbeitet mit einem Quadranten (vgl. Abb. 3.1) und versucht, einen gleichsam geometrischen Grund zu

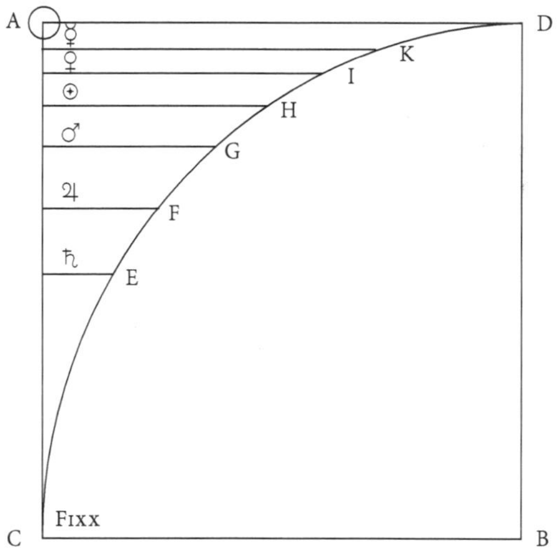

Abb. 3.1

32 *MC* Kap. 14, vgl. Westman 2011, ch. 11, bes. p. 330.

33 *MC* dt. S. 21.

finden[34]; die Übereinstimmung mit Kopernikus' Angaben der Planetenabstände ließ jedoch zu wünschen übrig.

Schließlich versuchte er es stattdessen mit einem in der Astrologie bedeutsamen Schema (Abb. 3.2): Etwa alle 20 Jahre gibt es eine

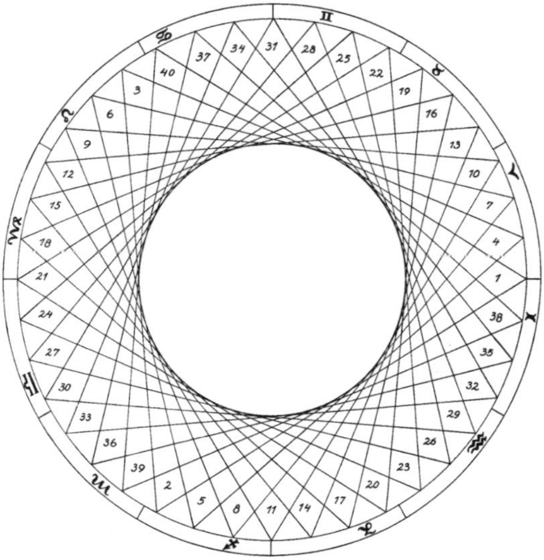

Abb. 3.2

so genannte *große Konjunktion* der Planeten Jupiter und Saturn. Drei aufeinanderfolgende Konjunktionen dieser Planeten (vgl. die Nummerierung im Diagramm) verteilen sich so über das Himmelsgewölbe, dass die Verbindungslinien fast ein gleichseitiges Dreieck bilden. Setzt man die Reihe der Konjunktionen fort, so kommt die vierte neben der ersten zu liegen, die fünfte neben der zweiten usf.. Verbindet man weiterhin die Konjunktionen durch Geraden, so ergibt sich ein sich langsam drehendes Dreieck. In der Mitte bleibt ein Raum ausgespart, der etwa kreisförmig ist, mit einem Radius, der halb so groß ist wie der Radius des Himmelsgewölbes, auf das die Planeten projiziert sind. Das Verhältnis 1:2 der Radien entspricht

34 AC ist der angenommene Radius der, bei Kepler, endlichen Welt. Von der Sonne A aus sind die sechs Planeten abgetragen, deren Abstände parallel AD bis zu dem Kreisbogen charakteristische Verhältnisse aufweisen sollen.

nun sehr genau dem Verhältnis der Radien der Sphären von Jupiter und Saturn, der beiden Planeten also, deren Konjunktionen verfolgt wurden. Kepler beschreibt, wie er im Juli 1595 diese Überlegung seiner Mathematikklasse in Graz vortrug und ihm dabei die Idee kam, das Verfahren zu verallgemeinern und dadurch die Größenverhältnisse aller Planetenbahnen zu erklären. Er dachte sich ein innerhalb der Jupitersphäre einbeschriebenes Quadrat, innerhalb der Marssphäre ein Fünfeck usf., und siehe da: Die dabei erzielten Größenverhältnisse der Sphären stimmten gut mit den von Kopernikus gegebenen Werten überein. Ein solches geometrisches Verfahren schien ihm auch viel überzeugender zu sein als ein bloß numerischer Vergleich der Größenverhältnisse. Gottes Schöpfungsplan sollte einer von uns nachvollziehbaren *geometrischen* Leitidee folgen – die Geometrie, so Kepler, lag Gott bei der Schöpfung vor.

Bleibt nur noch ein Haken: Dieses geometrische Verfahren begründet keineswegs, warum Gott, sich von außen nach innen vorarbeitend, beim innersten Planeten Merkur aufhörte. Er hätte doch sein Verfahren fortsetzen und immer weitere Planeten schaffen können. In einer letzten Anstrengung, so Kepler, habe er sich klar gemacht, dass es ja um die *räumliche* Anordnung der Planeten gehe und es daher ganz unplausibel sei, ebene Figuren zur Erklärung heranzuziehen.[35] Diese Überlegung führte ihn zu der ihn zutiefst befriedigenden Einsicht, dass zwischen die Planetensphären die fünf platonischen Körper: Würfel, Tetraeder, Dodekaeder, Oktaeder und Ikosaeder (vgl. Abb. 3.3), einbeschrieben seien.[36] Diese Konstruktion erklärt zugleich die Abstände der Planetenbahnen voneinander *und* ihre Zahl sechs, da schon Euklid am Schluss seiner *Elemente* gezeigt[37] hat, dass es außer diesen fünf Körpern keine weiteren regelmäßigen Polyeder geben kann.

35 Immerhin jedoch liegen die Bahnen der sechs bekannten Planeten fast in ein und derselben Ebene, der *Ekliptik*.

36 Die Zeichnungen stammen aus Keplers *Harmonice Mundi*. Die figürlichen Darstellungen deuten an, welchen der klassischen »Elemente« die Figuren zugeordnet wurden; der Dodekaeder entspricht dabei der »Quintessenz«, die den Himmelsraum erfüllt. – Keplers Anordnung der Polyeder entspricht *nicht* der Anordnung der Elemente im aristotelischen Weltbild.

37 Man kann sich Euklids Theorem auf die folgende Weise leicht klarmachen. In den Eckpunkten können nur regelmäßige Dreiecke, Vierecke oder

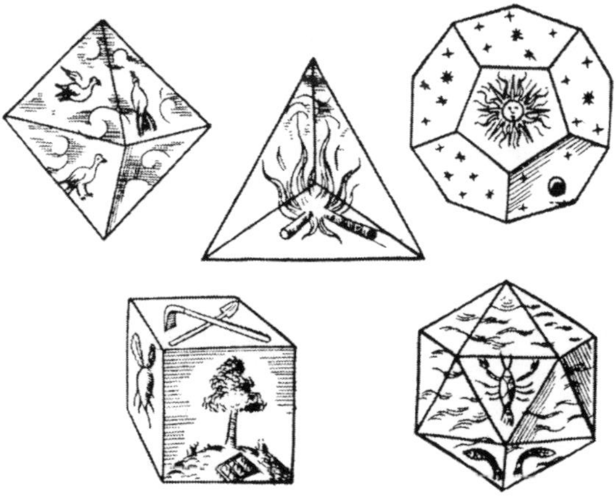

Abb. 3.3

Mit diesem Polyeder-Modell gelingt es Kepler also, sowohl die Anzahl sechs der Planeten als auch ihre Entfernungen voneinander durch eine basale geometrische Überlegung zu begründen. Er war zutiefst überzeugt, endlich Gottes *Blaupause* für die Schöpfung gefunden zu haben, und hielt an dieser Idee zeit seines Lebens fest.

Bereits im ersten Kapitel des *MC*, in dem Kepler Kopernikus' Weltbild verteidigt, betont er, dass Kopernikus der erste war, der Gründe für seine Abmessungen des Planetensystems angibt, also nicht bloß, wie viele Astronomen, ein mathematisches Modell dieses Systems vorlegt, das die Planetenbahnen so, wie wir sie sehen, richtig wiedergibt. Dazu dient Kepler vor allem Kopernikus' realistische Deutung der Planetenschleifen (vgl. Kap. 1). Überhaupt verteidigt Kepler entschieden den kopernikanischen Realismus: dass sein Vorschlag den tatsächlichen Aufbau des Kosmos erklärt. Viele Astronomen gingen nicht darüber hinaus, »die Phänomene zu retten«, wie es in einer alten Formel heißt. (Dieser sich bescheidende Instrumentalismus war ein Erbe der Antike, in der z. B. bereits bekannt war, dass man bestimmte Himmelsbewegungen sowohl mit Exzentern als auch mit Epizykeln erklären kann, also mit zwei,

[konvexe] Fünfecke zusammenstoßen. Bei Dreiecken bleibt die Wahl zwischen drei, vier oder fünf, die in einem Punkt zusammenstoßen, bei Quadraten und Fünfecken gibt es nur je eine Möglichkeit.

realistisch gesehen, unvereinbaren Bildern.[38]) Auch die Einfachheit von Kopernikus' Weltbild wird hervorgehoben. – In einer aufschlussreichen Schrift kurz nach der Wende zum 17. Jahrhundert, der *Apologia* (abgekürzter Titel)[39], diskutiert Kepler solche methodologischen Fragen. Er hat diese Schrift aber nicht beendet und nie veröffentlicht, weil ihr Verfassen für ihn eine lästige Aufgabe darstellte, die sein Arbeitgeber Brahe ihm gestellt hatte. Als Brahe starb, hat Kepler die Arbeit an der Schrift einfach eingestellt. Erst im 19. Jahrhundert, nach Wiederentdeckung des Manuskripts, kam eine gedruckte Fassung heraus.

Im zweiten Kapitel des *Mysterium Cosmographicum* trägt Kepler seinen »Hauptbeweis« vor, d.h. die Gründe für den Vorschlag des Polyeder-Modells. Nach seiner Überzeugung lag Gott, als er sich anschickte, den Kosmos zu erschaffen, die Idee der Quantität schon vor. Kepler sieht in Gott einen Mathematiker, genauer: einen Geometer. Er beruft sich dabei freimütig auf Platon, demzufolge Gott Geometrie treibe. Für die Kugelform des Kosmos bemüht Kepler außerdem die Trinität. Der Mittelpunkt soll Gott den Vater vorstellen, die Oberfläche den Sohn, und der Zwischenraum den Heiligen Geist. Dem Himmelsgewölbe einbeschrieben sind die Sphären der einzelnen Planeten. Damit diese so vollkommen wie möglich sind, gestaltet er die Sphären so, dass sie den vollkommensten Körpern, nämlich den höchst symmetrischen platonischen Körpern, entsprechen, und zwar dergestalt, dass die Größenverhältnisse der Sphären gerade so sind, dass zwischen je zwei benachbarten Sphären genau einer der fünf Körper passt. Die Passung besteht für Kepler darin, dass die Ecken eines Polyeders die ihm äußere Sphäre von innen be-

38 Vgl. den Nachweis in Kap. 1.

39 *Apologia pro Tychone contra Ursum*, von Kepler nicht veröffentlicht, am zugänglichsten heute in der Herausgabe und englischen Übersetzung von N. Jardine in *The Birth of History and Philosophy of Science. Kepler's* A Defence of Tycho against Ursus *with essays on its provenance and significance*. Cambridge University Press 1984. – Kepler verteidigt in dieser Schrift eine realistische Sichtweise in der Astronomie, indem er bei verschiedenen, empirisch gleich guten Modellen (in moderner Sprechweise) durch Invarianzbetrachtungen einen realistischen Kern herauszuschälen sucht; vgl. dazu mein ›Invariance and Beauty as Epistemologically Guiding Principles in Kepler's Work‹ (2006).

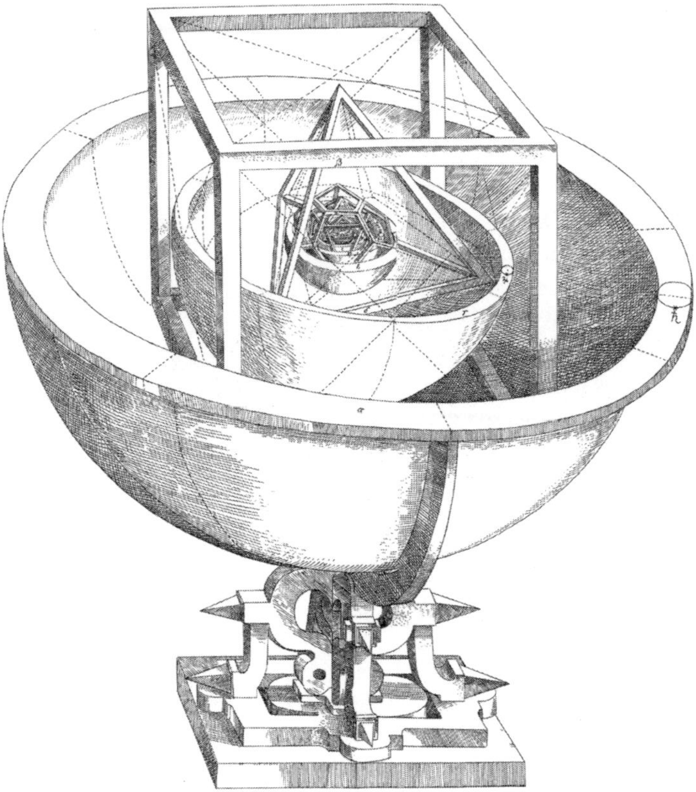

Abb. 3.4

rühren, während die Mittelpunkte der Seitenflächen des Polyeders die ihm innere Sphäre berühren, s. Keplers Abbildung (Abb. 3.4).[40]

Nach diesem Verfahren muss es genau sechs Planeten geben, zwischen deren Sphären die platonischen Körer passen. Darin sieht Kepler zugleich einen Beweis für Kopernikus und gegen Ptolemäus, weil es für letzteren sieben Planeten gibt, nämlich Mond, Merkur, Venus, Sonne, Mars, Jupiter und Saturn.

40 Dass diese Bedingungen erfüllbar sind, liegt gerade an der Symmetrie der Polyeder.

Auch die relativen Ausmaße der Sphären in Keplers Modell entsprechen ziemlich genau den Größenverhältnissen, die Kopernikus empirisch gefunden hat. Damit glaubt Kepler die Ursache des Kopernikanischen Aufbaus des Kosmos gefunden zu haben.

Freilich bleibt Keplers dritte Frage, die man auch als die nach dem Zusammenhang von Umlaufzeiten und Radien der Planetenbahnen ansehen kann, vom Polyeder-Modell unbeantwortet. Erst ganz am Ende des *Mysterium Cosmographicum* macht Kepler ein paar interessante Anmerkungen dazu, ohne jedoch zu einer Lösung vorzustoßen, siehe weiter unten. Zunächst gehe ich auf einige weitere Züge des *Mysterium Cosmographicum* ein, die es für uns bedeutsam machen.

Keplers Erklärungen sind natürlich recht spekulativ und auch theologisch. Inwiefern haben sie etwas mit Physik zu tun? Sicher nicht in einem modernen Sinn, aber für Kepler und seine Zeit war »Physik« mehr oder weniger mit »Naturphilosophie« synonym. Diese kannte aus der aristotelischen Tradition vier Arten von Ursachen: »formale«, »materiale«, »effektive« und »finale«. Während in der späteren Physik von Ursachen nur mehr im Sinne von effektiven Ursachen die Rede ist, bleiben für Kepler alle vier Formen relevant, besonders auch die formalen Ursachen. Wenn Kopernikus als Ursache für die Planetenschleifen anführt, dass die sich bewegende Erde, von der Sonne aus gesehen, durch die schnelleren inneren Planeten Merkur und Venus überholt wird und ihrerseits die langsameren äußeren Planeten – Mars, Jupiter und Saturn – überholt, so können wir das auch im heutigen Sinne als Ursache ansehen; Kopernikus gibt also eine physikalische Erklärung der Planetenschleifen.

Nun kann es im Prinzip immer verschiedene physikalische Erklärungen eines Phänomens geben, und Kepler räumt ein, dass Ptolemäus' Erklärung genau so exakt ist wie die des Kopernikus. Was Kepler möchte, ist, modern gesprochen, so etwas wie ein *Schluss auf die beste Erklärung*. Und das tut er, indem er auf andere als physikalische Gründe Bezug nimmt. Er zeigt, dass Kopernikus die schönere Ordnung gefunden hat und vor allem eine, die die Einheit des Planetensystems aufzeigt und nicht nur stimmige Einzeltheorien der Planeten liefert (vgl. Kap. 1). Dieser Umstand wurde zur Zeit Keplers auch bei den wenigen Rezipienten der Kopernikanischen Theorie kaum gesehen: Für sie war Kopernikus' Theorie in der Regel nur ein bequemes mathematisches Mittel der Planetenberechnung.

Kepler hinterfragt Kontingenzen, die bei Kopernikus offen geblieben waren: die Anzahl 6 der Planeten und die Verhältnisse ihrer Abstände von der Sonne. Die erste Erklärung ist heute allerdings längst überholt, denn man kennt inzwischen mehr als sechs Planeten; die erste Frage stellt sich so also nicht mehr. Aus demselben Grund ist die Antwort auf die zweite Frage unvollständig und überdies nach neueren Standards der Genauigkeit nur sehr grob. Beide Fragen können aber, mutatis mutandis, auch heute noch gestellt werden, auch ohne Schöpferglauben. Zur Frage nach der Anzahl würde man heute auf die Genese des Planetensystems verweisen; diese müsste man allerdings detaillierter kennen, als es noch der Fall ist. Auch die Abstände der Planeten von der Sonne könnten im Prinzip so erklärt werden. So hat z. B. Kant 1755 in seiner *Allgemeinen Naturgeschichte und Theorie des Himmels*[41] die sogenannte Nebularhypothese aufgestellt, wonach das Planetensystem aus einer Nebelwolke entstanden ist, in der sich durch kleine Ungleichförmigkeiten Teilchen und aus diesen schließlich die Sonne und die Planeten bildeten. Modifiziert wurde die Kantische Vorstellung 1796 durch Laplace' Rotationshypothese, wonach die Planeten sich aus von der Sonne ausgestoßenen Materieringen verdichtet haben. Heute gibt es wesentlich verfeinerte Modelle des Vorgangs.

Dass Keplers Art, die Abstände der Planeten von der Sonne zu erklären, auch geraume Zeit später nicht ganz so abwegig war, zeigt das Gesetz von Titius und Bode. Dieses wurde zuerst 1766 von Titius aus Wittenberg aufgestellt und 1772 von Bode bekannt gemacht. Das war noch vor der Entdeckung des Uranus im Jahre 1781, bezog sich also auf dieselben sechs Planeten wie bei Kepler; auch die Asteroiden waren noch nicht berücksichtigt. In der Abbildung 3.5 zu der von Titius und Bode gefundenen Gesetzmäßigkeit ist in der zweiten Spalte ersichtlich, dass sich die Abstände von Merkur, Venus, … von der Sonne wie $4 : 4 + 3 : 4 + 6 : \dots$ verhalten.

Dies war zunächst nur eine merkwürdige mathematische Beziehung. Sie gewann an Gewicht und Zustimmung, als F. W. Herschel,

41 Immanuel Kant, *Allgemeine Naturgeschichte und Theorie des Himmels*, Königsberg und Leipzig 1755.

bei routinemäßiger Durchmusterung des nördlichen Sternenhimmels, den Planeten *Uranus* fand und dieser ebenfalls das mathematische Gesetz von Titius und Bode erfüllte. Auch die Asteroiden zwischen Mars und Jupiter, deren größter, Ceres, 1901 gefunden wurde und für die in der Abbildung die Lücke steht, genügen dem Gesetz: ihr Abstand zur Sonne beträgt gerade 4 + 24 . Erst der 1846 gefundene weitere Planet *Neptun* verletzt die Beziehung.[42] Und auch Pluto, der erst 1930 entdeckt wurde, zeigt entschiedene Abweichungen. Da trifft es sich gut, dass Pluto unlängst der Planeten-Status aberkannt wurde.

Merkur	4
Venus	4 + 3
Erde	4 + 6
Mars	4 + 12
Jupiter	4 + 48
Saturn	4 + 96
Uranus	4 + 192

Abb. 3.5

(Auch wenn man bis heute keine physikalische Erklärung des Titius-Bode-Gesetzes hat anführen können, ist es keinesfalls ausgeschlossen, dass eine solche in den inzwischen recht differenzierten Theorien zur Entstehung des Planetensystems noch gefunden wird. Auch in der jüngeren Physikgeschichte gibt es Beispiele für numerische Auffälligkeiten, die erst später eine Erklärung fanden; so war die Balmer-Serie im Spektrum des Wasserstoff-Atoms, deren Wellenlängen dem mathematischen Gesetz $\lambda \sim \frac{m^2}{m^2 - 2^2}$ genügen, zunächst nicht mehr als eine Kuriosität. Dann aber verhalf sie Bohr zu seinem Modell des Wasserstoff-Atoms als eines Kerns mit umge-

42 Die Bewegung des Uranus enthält Unregelmäßigkeiten, die die Vermutung aufkommen ließen, dass sie von einem weiteren Planeten verursacht werden. Ein solcher wurde prognostiziert und dann tatsächlich an der berechneten Stelle gefunden. Später wurde klar, dass Galilei Neptun schon 1613 gesehen, ihn aber nicht für einen Planeten gehalten hatte. Das konnte leicht passieren, denn er hat eine Umlaufzeit von 165 Jahren und bewegt sich also sehr langsam.

benden Elektronenbahnen, die mathematisch bestimmte Abstände vom Kern haben.[43])

Ich komme auf das Ende des *Mysterium Cosmographicum* zurück. Im (vorletzten) 22. Kapitel, mit der gleichsam technisch klingenden Überschrift »Warum sich der Planet um den Mittelpunkt des Äquanten gleichförmig bewegt«, erwähnt Kepler, dass die Unregelmäßigkeiten in der (noch als kreisförmig beschriebenen) Bewegung eines Planeten, für die bei Kopernikus Epizykel und bei Ptolemäus Äquanten in Anschlag gebracht waren, sich schlicht dadurch deuten lassen, dass der Planet sich bisweilen näher an der Sonne, bisweilen weiter von ihr weg bewegt und dementsprechend mal schneller, mal langsamer sei. Wir sehen hier also dasselbe Prinzip am Werke wie bei der Tatsache, dass Planeten mit größerer Sonnenentfernung langsamer und solche mit geringerer Sonnenentfernung schneller umlaufen. Kepler denkt in beiden Fällen physikalischer als seine Vorgänger, indem er einheitlich die Sonne als den Kraftquell der Himmelsbewegungen und durch sie die unterschiedlichen Geschwindigkeiten verursacht sieht. Die physikalische Sicht der Planetenbewegungen wird Kepler in seiner *Astronomia Nova* (s. hier Kap. 6) sehr ausbauen.

Ursprünglich schreibt Kepler im *Mysterium Cosmographicum*, die ganze Welt sei erfüllt von einer Seele, die mitführt, was immer sie an Gestirnen und Kometen erfasst, und das in Abhängigkeit von der Sonnenentfernung. In seinen 25 Jahre späteren Anmerkungen zur zweiten Auflage des *Mysterium Cosmographicum* ersetzt Kepler die Seele durch eine immaterielle Spezies der Sonne.

Die Rezeption von Keplers Jugendwerk war natürlich begrenzt.[44] Aber es gab einige, für ihn auch persönlich wichtige Reaktionen etablierter Wissenschaftler, so vor allem die von Tycho Brahe (vgl. Ende Kap. 1), der am *Mysterium Cosmographicum* Keplers hervorragende mathematische Fähigkeiten erkannte und ihn als Assistent einstellte, als er, Brahe, kaiserlicher Mathematiker am Hof Rudolf II. in Prag geworden war.[45] Das führte letzten Endes zu Keplers astronomischem Hauptwerk, seiner *Astronomia Nova*, vgl. Kap. 6. –

43 Auch Stephenson 1994, ch. I, p. 11, zieht diesen Vergleich mit dem Gesetz von Titius und Bode.

44 Vgl. Westman 2011, ch. 12.

Eine ganz andere Rückmeldung wurde Kepler von Galilei, damals Mathematik-Professor, zuteil. Galilei ließ ihn wissen, dass auch er Kopernikus' Heliozentrismus anhänge, das allerdings nicht öffentlich zu vertreten wage. Kepler drängte ihn daraufhin, sich doch zu Kopernikus zu bekennen, denn die »Macht der Wahrheit« sei groß. Galilei blieb aber unbewegt und reagierte vorerst gar nicht mehr auf Kepler. Erst gut zehn Jahre später, als er mit dem Fernrohr empirische Evidenzen für Kopernikus' Sicht hat, tritt auch er öffentlich für Kopernikus ein (vgl. Ende Kap. 6).

[45] Zuvor schon (Januar 1600) hatte Kepler ihn in Prag besucht. Die beiden gerieten jedoch in heftigen Streit, besonders über einen Vertragstext, in dem Kepler sich zur Geheimhaltung verpflichten sollte. Nach einer erzürnten Abreise Keplers kamen sie erst später wieder zusammen. Zum Verhältnis von Brahe und Kepler vgl. auch Kap. 4 und 6.

4. Ein nicht unbedeutender Seitenweg: Keplers Astrologie

Johannes Kepler ist zweifellos zu Recht berühmt als einer der größten Astronomen. Vor allem ist er bekannt als Entdecker der nach ihm benannten Planetengesetze. Es gibt jedoch auch einen ganz anderen Kepler, der sich in weniger gut rezipierten Veröffentlichungen zeigt, den Kepler, der auf eine Weltharmonik abzielte und der auch die Astrologie verteidigte. Dem letzten Aspekt ist dieses Kapitel gewidmet. Ich schildere auch einige Details, die Keplers Arbeitsweise verdeutlichen.

Als der junge Kepler Landschaftsmathematiker in Graz war, oblag es ihm auch, astrologische Kalender zu erstellen.[46] Gerne wird von Kepler-Biographen berichtet, dass er sich dieser Aufgabe nur ungern und gezwungenermaßen unterzog. Einige Bemerkungen Keplers lassen in der Tat diesen Eindruck zu. Doch andererseits wissen wir mit Bestimmtheit, dass Kepler zumindest Teile der Astrologie für durchaus seriös hielt. Das kommt zum Beispiel in seinem frühen Werk *Mysterium Cosmographicum* (1596) zum Ausdruck, dessen 9.–12. Kapitel der Astrologie gewidmet sind. In einer späten zweiten Auflage des Werks (1621) lässt Kepler den Text unverändert, kommentiert ihn aber mit einer langen Reihe oft ausführlicher Anmerkungen, gerade auch dessen astrologischen Teil. Manchmal distanziert er sich von dem, was er im jugendlichen Überschwang so dahingesagt habe, meist aber gibt er Erläuterungen oder Ergänzungen auf der Basis seiner späteren Arbeiten, vor allem der *Harmonice Mundi* (1619), aber auch der *Astronomia Nova* (1609) und anderer Schriften wie *De stella nova* (1606) und *Epitome Astronomiae Copernicanae* (1617–1620).

46 Vgl. Caspar, *Johannes Kepler*, S. 60.

Für Keplers Astrologie ist neben dem *Mysterium Cosmographicum* und *Harmonice Mundi* besonders bedeutend *De fundamentis astrologiae certioribus* (1602); doch dazu später.

Um die Astrologie des *Mysterium Cosmographicum* zu verstehen, ist es gut, sich die Gesamtkonzeption des Werks, wie sie hier in Kapitel 3 dargestellt wurde, vor Augen zu halten. Schon vor dem astrologischen Teil des Buches berichtet Kepler freimütig, wie beschrieben, dass er auf die Idee der Ineinanderschachtelung der platonischen Körper im Zusammenhang mit den astrologischen Überlegungen zu den Konjunktionen von Jupiter und Saturn gestoßen sei.

Der astrologische Teil des *Mysterium Cosmographicum* beginnt, in *Kapitel* 9, mit einer Korrelation zwischen den astrologischen Qualitäten, die den Planeten traditionell zugeschrieben wurden, und den ihnen zugeordneten platonischen Körpern. Dabei zeigt Kepler, dass er hiermit von den A-priori-Überlegungen der früheren Kapitel zur »Physik« übergeht. Er beginnt mit den Worten

> »Ich kann es mir nicht versagen, hier von dem Teil der Physik [Physices], der von den Eigenschaften der Planeten handelt, zu sprechen, damit man erkenne, daß auch die natürlichen Kräfte der Wandelsterne jener Ordnung entsprechen und dasselbe Verhältnis zu einander einnehmen.«[47]

Ich gebe zwei Beispiele der Charakterisierung von Planeten, wie Kepler sie von den zugeordneten platonischen Körpern ableitet:

> »Der Würfel, der Körper des Saturn, gibt für alle übrigen Körper das Maß auf Grund seiner Rechtwinkligkeit; der Planet selber erzeugt die Meßkünstler, er ist von harter Gemütsart, ein Hüter des Rechten, weicht nicht um eines Nagels Breite, ist unerbittlich, unbeugsam. Das bewirkt die Rechtwinkligkeit.«[48] (S. 60)
> »Die Ruhe und Beständigkeit zunächst des Jupiter, dann des Saturn und schließlich des Merkur rührt von der kleinen Zahl der Seitenflächen [des jeweils zugeordneten Polyeders: Tetraeder, Würfel bzw. Oktaeder] her, die Unruhe und Leichtfertigkeit von Venus und Mars

47 *Mysterium Cosmographicum*, dt. Ausgabe S. 60.
48 A. a. O., S. 60.

dagegen von deren Vielzahl [Dodekaeder, Ikosaeder]. Das Veränderliche und Wandelbare ist immer die Frau. Der der Venus entsprechende Körper ist unter allen am veränderlichsten und leichtesten wälzbar. Es liegen hier Stufen vor; darum steht Merkur in der Mitte, seine Vertrauenswürdigkeit ist mittelmäßig.«[49]

Die Anmerkungen, die Kepler zu diesem Kapitel 25 Jahre später anlässlich der 2. Auflage macht, sind ambivalent. Einerseits sind sie ergänzend und stützend für seine früheren Überlegungen, andererseits bezeichnet er dieses Kapitel als »astrologische Spielerei«, wenn auch mit besseren Gründen versehen als die des Ptolemäus (Anm. 3). Interessant ist auch die Modifikation seiner Meinung über die Gut- und Bösartigkeit von Gestirnen (Anm. 1):

»Ich rede hier mit den Astrologen. Wenn ich meine Meinung sagen soll, so glaube ich, daß es am Himmel kein böses Gestirn gibt, und zwar unter anderen Gründen ganz besonders deswegen, weil sich des Menschen Natur im Bereich der Erde bewegt, die den Ausstrahlungen der Planeten eine Einwirkung auf sie selber verleiht; es ist geradeso wie beim Gehör, das, mit der Fähigkeit ausgestattet, Akkorde zu unterscheiden, der Musik eine solche Macht verleiht, daß sie den, der sie hört, zum Tanzen anreizt.«[50]

Hier drückt sich eine Hinwendung zu Wahrnehmungsqualitäten aus, die uns andernorts in Keplers Werk noch ausgeprägter begegnen wird.

In Anm. 2 werden Hass und Feindschaft zwischen den Planeten »allegorisch« verstanden und durch »physikalische« Unterschiede von »Lage, Bewegung, Licht, Farbe« ersetzt.[51]

In dem kurzen *10. Kapitel* betrachtet Kepler die Anzahlen der Ecken, Kanten und Flächen der platonischen Körper. In Anm. 1 konstatiert er jedoch, dass »jegliche ausgezeichnete Bedeutung der Zahlen [...] ursprünglich von der Geometrie« herrühre.[52]

49 A. a.O., S. 61.
50 A. a.O., S. 62.
51 Ibid.
52 A. a.O., S. 64.

Das *11. Kapitel* bezeichnet Kepler im Nachhinein schlicht als »bedeutungslos«.[53] Was Kepler hier versucht hat, ist dennoch hochinteressant für sein Verhältnis zur Astrologie und die Entwicklung seines Verständnisses von Naturgesetzlichkeit vs. Willkür menschlicher Zuschreibungen. Kepler versucht nämlich, den Ursprung des Tierkreises zu erklären. Dafür muss er in seinem Modell eine Ebene auszeichnen, die die Fixsternsphäre im Tierkreis schneidet. Er tut dies, indem er den fünf platonischen Körpern bestimmte Orientierungen im Raum vorschreibt, beginnend mit dem Würfel, dessen Lage noch willkürlich bestimmt werden darf, da noch keine Raumrichtung ausgezeichnet ist. Die anderen Körper orientieren sich dann relativ zum Würfel nach Symmetriekriterien, bis »hinunter« zum Oktaeder, dessen quadratische Mittelfläche schließlich die geforderte Ebene bestimmt.

Hält Kepler auch, wie wir gesehen haben, später nicht mehr viel von den Details dieser Ableitung, so steht er doch noch zu dem »Prinzip«, das ihm so »reichen Ertrag [...] in den letzten 25 Jahren [...] gebracht« habe:

> »daß die mathematischen Dinge deswegen die Ursachen der Naturdinge bilden (eine Lehre, gegen die Aristoteles an so vielen Stellen gestichelt hat), weil Gott, der Schöpfer, die mathematischen Dinge als Urbilder in einfachster und göttlicher Abstraktion von den materiell betrachteten Quantitäten von Ewigkeit her in sich trug. Aristoteles leugnete einen Schöpfer und nahm eine ewige Welt an. Kein Wunder, daß er die Urbilder verwarf. Denn ich gestehe, daß ihnen keine Bedeutung zukäme, wenn Gott bei der Erschaffung nicht auf sie Bezug genommen hätte.«[54]

Dass Kepler sich der Ungewöhnlichkeit seines Vorgehens bewusst war, bezeugt er schon in der Erstauflage, wenn er dieses Kapitel einleitet mit den Worten:

> »Bei den vorliegenden Kapiteln werde ich die Physiker [physici] gegen mich haben, weil ich die natürlichen Eigenschaften der Planeten aus immateriellen Dingen und mathematischen Figuren abgeleitet habe und es nun auch noch wagen will, den Ursprung der Himmels-

53 A. a. O., Anm. 1, S. 66.

54 Anm. 2, *a. a. O.*, S. 66 f.

bahnen aus bloß gedachten Schnittfiguren zu erklären. Ihnen will ich kurz folgendes antworten: Da Gott der Schöpfer ein Geist ist und macht, was er will, hindert ihn nichts, sich beim Abwägen der Kräfte und beim Abstecken der Bahnen nach immateriellen oder in der Einbildung existierenden Dingen zu richten.«[55]

Es lohnt sich, sich an dieser Stelle klarzumachen, welche methodologische Funktion der Schöpfungsglaube für Kepler hier hat. Er ermöglicht ihm, die aristotelische Trennung von Mathematik und Natur aufzuheben. Die Mathematik ist »in« der Natur, weil der Schöpfer sie in sie hineingelegt hat. Mathematische Naturforschung ist, für Kepler, ein Nachvollziehen der Gedanken Gottes bei der Schöpfung. Nur so könnten wir die Natur verstehen und zugleich Gott verherrlichen.

In verschiedenen Anmerkungen zur zweiten Auflage argumentiert Kepler mit dem, was später Prinzip des zureichenden Grundes genannt wurde; so, wenn er in Anm. 3 von der Ununterscheidbarkeit der Punkte einer Sphäre spricht und anschließt:

»Dieser Art sind auch folgende Fragen: Denkt man sich einen unbegrenzten außerweltlichen Raum, so fragt es sich, warum die Welt ihren Platz gerade in diesem Teil des Raums und nicht in einem anderen gefunden hat; ebenso kann man sich eine ewige Zeit (hier liegt ein Gegensatz im Beiwort) denken und fragen: Warum ist die Welt erst vor 6000 Jahren geschaffen worden, und warum hat sich Gott vorher von Ewigkeit her der schöpferischen Tätigkeit enthalten? Raum und Zeit gehören zu den Quantitäten und haben als Stoff zu gelten, insofern sie gestaltete Quantitäten sind. Der Stoff aber reicht aus sich keine Gründe dar; er hat in sich nur die einzige Eigenschaft, dass er aus unendlich vielen Teilen besteht. Und zwar ist diese Unendlichkeit in der Zahl oder in der Quantität wirklich, wenn das Ganze selbst in Wirklichkeit unendlich ist, oder in der Zahl bloß möglich, wenn das Ganze in Wirklichkeit endlich ist, was nur möglich ist, wenn die Quantität in physischem oder himmlischem körperlichen Stoff besteht. Siehe Epitome I, wo von der Gestalt des Himmels die Rede ist.«[56]

55 A. a.O., S. 64.
56 A. a.O., S. 67 f.

Desgleichen heißt es in der letzten, sehr langen Anmerkung 13 über Spiegel- und andere Symmetrien z. B.:

»Ich bin übrigens nicht der erste, der sich mit der unnützen Frage abmüht: Warum nimmt der Tierkreis gerade diesen Weg, während er doch unendlich viele andere nehmen könnte? Man findet eine ähnliche Frage bei Aristoteles: Warum laufen die Planeten gerade in dieser Richtung und nicht in der entgegengesetzten? Denn auch hier ist kein Grund vorhanden, der einer Richtung vor der anderen den Vorzug gäbe; da jede Linie in Anbetracht ihrer Ausdehnung in die Länge zwei Richtungen aufweist, die bei der Geraden gegen ihre beiden Grenzen verlaufen. Aristoteles sagt zwar an der betreffenden Stelle im allgemeinen, man könne nicht für alle Dinge ihre Gründe auf dieselbe Weise finden; trotzdem nimmt er diese Frage in Angriff und sagt, die Natur wähle unter dem, was möglich ist, immer das Beste heraus. Es sei aber besser, daß die Gestirne in der Richtung umlaufen, der ein höherer Rang zukomme, der Richtung nach vorwärts aber komme ein höherer Rang zu als der nach rückwärts. Lächerlich! Denn solange es keine Bewegung gab, konnte man nicht von vorwärts oder rückwärts reden. Es liegt eine Petitio principii vor.«[57]

In derselben Anmerkung sagt er auch noch einmal genau, wozu die fünf platonischen Körper dienen und wozu nicht:

» … zu sagen, daß jene 5 Körper nicht durch die wirkliche gegenseitige Lage ihrer Teile im Weltgebäude dargestellt sind; vielmehr sind nur die Verhältnisse, in denen ihre In- und Umkugeln zueinander stehen, auf die himmlischen Bahnen übertragen und die Zahl dieser Bahnen entsprechend der Zahl der Körper festgesetzt worden. Es ist besser, die Frage: ›Warum beschreiben die Planeten gerade diese und keine andere Bahn?‹ als töricht zu verwerfen. Denn da im Gedanken Gottes der Kreis existierte, der für die Bewegung der Planeten notwendig war, gab Gott diesem durch den göttlichen Gedanken bestehenden Kreis etwas Materiales, etwas mit Gestirnen behaftetes Sphärisches. Auch war kein Bedenken vorhanden, das Gott von seinem Werke hätte abhalten können, als wüßte er nicht, wie er anfan-

57 A. a.O., S. 70.

gen solle, da gewissermaßen kein Grund vorhanden war, gerade so anzufangen. Denn ein Körper existierte damals noch nicht, auf dessen Teile er hätte Rücksicht nehmen müssen, so daß ihm deswegen Bedenken gekommen wären. Der Raum aber ohne Körper ist eine reine Negation. [!] Wenn das unendliche Nichts vorliegt, ist schon Grund genug für einen Anfang vorhanden, wenn man nur leicht an einen solchen denkt. Ein solcher Gedanke ist mit seinen unendlich vielen Möglichkeiten besser als jenes nicht aktual Unendliche, das nicht existiert noch gedacht wird; es geht also diesem vor und eignet sich zu einem Anfang.«[58]

Das 12. und letzte der astrologischen Kapitel schließlich ist betitelt »Die Einteilung des Tierkreises und die Aspekte«. Der Übersetzer Max Caspar mahnt sofort in einer Anmerkung: »Dieses ganze Kapitel mitsamt seinen vielen Anmerkungen, dessen Lektüre nicht wenig Geduld erfordert, ist doch für Keplers Denkweise äußerst kennzeichnend; es zeigt, wie tief sich Kepler in seine Gedanken über die Weltharmonie verbohrte und welchen Wert er den Ergebnissen seines Nachdenkens hierüber beimaß«.[59]

Wenngleich hier ein Teil der Astrologie angesprochen ist, den Kepler später rundweg ablehnte, lohnt es sich wieder, genauer auf die Art der Argumentation und deren spätere Kommentierung zu achten. Kepler beginnt das Kapitel, indem er eine von ihm selbst erst später geteilte Skepsis zitiert und vorsichtig zurückweist:

»Viele halten die Einteilung des *Tierkreises* in zwölf gleiche Zeichen für eine reine Erfindung des Menschen, die nicht in der Natur selber begründet ist. Sie glauben, daß diese Teile sich nicht durch natürliche Kräfte und Beeinflussungen unterscheiden, daß sie bloß deswegen angenommen seien, weil ihre Zahl für das Rechnen geschickt ist. Wenn ich ihnen auch nicht durchaus widerspreche, so möchte ich doch, um nicht etwas blindlings auf die Seite zu schieben, aus denselben Prinzipien die Ursache für jene Einteilung ableiten, nach der der Schöpfer jene Eigenschaften (wenn die Teile wirklich verschiedene besitzen) wahrscheinlich eingerichtet hat«.[60]

58 A. a.O., S. 69 f.
59 A. a.O., S. 71; dem pejorativen »verbohrt« schließe ich mich nicht an.
60 Ibid.

Später kommentiert er diese Stelle ebenso klar und bestimmt aus einer ganz anderen Sichtweise:

»Dieses Thema habe ich eingehend in meinem Buch über den neuen Stern und in der Antwort auf die Einwände Röslins behandelt. Die 4 Quadranten des Tierkreises werden durch die Beschaffenheit der täglichen Bewegung des Himmels und der jährlichen Bewegung der Sonne bestimmt; diesen Bewegungen entsprechen auch die Marksteine im Wechsel der Tagesdauer und der Erwärmung. Allein die Unterteilung der einzelnen Quadranten gerade in drei Zeichen hat weder aufgrund von Bewegungen noch von Kräften etwas an sich, das sich in seiner Wirkung berechnen ließe; man kann nur auf die ganz allgemeine Unterscheidung jeglicher Größe in Anfang, Mitte und Ende hinweisen. Es besteht jedoch keineswegs eine Notwendigkeit, daß diese Teile gleich sind; ja es müssen nicht einmal Teile sein; es genügt nämlich, daß als Mitte die ganze Länge der Quadranten genommen wird, als Anfang und Ende die zwei Grenzen dieser Linie, d.h. die Endpunkte, die kein Teil der Linie sind«.[61]

Was Kepler im Folgenden versucht, hat ihn sein Leben lang nicht mehr losgelassen: Es geht ihm um nichts Geringeres als das Aufspüren und mathematisch exakte Beschreiben himmlischer Harmonien – um jene uralte pythagoräische Vorstellung einer Sphärenmusik also. Dazu studiert Kepler die Längenverhältnisse der Bögen, in welche die Aspekte den Tierkreis zerlegen. Diese Verhältnisse vergleicht er mit den Teilungszahlen bei in Akkorden schwingenden Saiten.

»Wenn man nun zu den sieben Teilungszahlen 6, 5, 4, 3, 8, 5, 2 das kleinste gemeinschaftliche Vielfache sucht, erhält man wieder 120, wie oben, da wir von der Einteilung des Tierkreises sprachen; das kleinste gemeinschaftliche Vielfache der vollkommenen Akkorde aber ist wiederum 12«.[62]

61 A.a.O., Anm. 1, S. 76. Die eigenen Schriften, die Kepler nennt, sind: *De Stella Nova* (1606) und *Antwort auf Röslini Discurs* (1609).

62 A.a.O., S. 73.

Hierzu bemerkt Kepler später:

»Das war für mich damals der Nerv meiner Beweisführung. Der Tierkreis wird in 12 und 120 Teile eingeteilt; ebenso oft lässt sich die Saite harmonisch teilen. Diese Zahlen stehen also in der Natur in hoher Geltung. Da aber (wie ich damals glaubte) die Teilung des Tierkreises auf den 5 Körpern beruht, war es wahrscheinlich, dass auch die Teilung der Saite eben hierauf beruhe. So legte sich damals die Folgerung nahe, dass die 5 Körper auch die Urbilder der Harmonien seien. Jetzt aber kann der Leser aus meiner Harmonik die wahren Ursachen der Harmonien kennen lernen; es sind dies nicht jene 5 geometrischen Gebilde, sondern vielmehr die ebenen Vielecke, die sich in einen Kreis beschreiben lassen usw.«[63]

In Anmerkung 6 unterscheidet Kepler sorgfältig zwischen »urbildlichen« und »akzidentellen« geometrischen Verhältnissen. Dass z. B. aufeinanderfolgende Konjunktionen von Jupiter und Saturn so etwas wie ein Dreieck im Tierkreis formen (was Kepler mittelbar auf die Idee gebracht hatte, die Sphärenabstände durch ein- bzw. umbeschriebene Figuren zu erklären), sei »nicht vollkommen und rein akzidentell«.[64]

Vielfach, z. B. in Anm. 18, wird auf die in *Harmonice Mundi* vorgenommenen Verbesserungen hingewiesen, oft im Vergleich mit dem frühen *Mysterium Cosmographicum*.

Bei den Aspekten legt Kepler Wert darauf, dass auch die Winkel 72 Grad, 144 Grad und 135 Grad einbezogen werden, um Wetterbeobachtungen genüge zu tun:

»Einem sorgfältigen Beobachter der Luftverhältnisse wird es bald klar sein, ob diesen drei Aspekten eine Kraft innewohnt, da ja Veränderungen in der Atmosphäre die anderen Aspekte nach durchaus stetiger Erfahrung bestätigen.«[65] Später (Anm. 30, mit Verweis auf *Harmonice Mundi* IV.6) kritisiert er, dass er den Winkel von 30 Grad übergangen habe.

63 A. a.O., Anm. 12, S. 80. Vgl. hier Kap. 8.

64 A. a.O., S. 78.

65 A. a.O., S. 75.

Schon in der 1. Auflage sieht Kepler klar:

> »Das ist sicher: ein Schluß, der sich auf die Winkel stützt, trifft das Wesen der Aspekte, [...] denn die Aspekte leiten ihre Wirksamkeit her von dem Winkel, der an irgendeinem Ort der Erde entsteht, an dem sie erzeugt werden, nicht aber von der Konfiguration im Tierkreis, die mehr in der Einbildung als in der Wirklichkeit existiert.«[66]

Er kommentiert:

> »Ausgezeichnet! Das hat als wirkliche Ursache zu gelten. Siehe Harmonik IV.«[67], jedoch auch: »Das geht zu weit und widerspricht dem Vorhergehenden. Wenn infolge des Winkels eine Wirkung auftritt, dann auch infolge der Figur. Denn die Figur wird durch die Winkel bestimmt und die Auswahl der Winkel wird durch die Figur getroffen; siehe jedoch die genaue Untersuchung über die ›Mittelpunktsfigur‹ und die ›Umfangsfigur‹ in Harm. IV.5«[68]

Nochmals betont er zusammenfassend, dass »Akkorde und Aspekte etwas Gemeinsames haben«[69] können, und kommentiert:

> »Dieser Paragraph umfaßt fast die ganze Disposition meines Werkes über die Harmonik. Denn hier schicke ich im I. und II. Buch die gemeinsame geometrische Grundlage, gewissermaßen die urbildliche Ursache voraus; was sich hieraus für die Musik ergibt, setze ich im III. Buch [...] auseinander.«[70]

Das Gemeinsame liegt also in einer gemeinsamen Wurzel und entzieht sich so dem zunächst versuchten direkten Vergleich.

Wir haben gesehen, wie Kepler in den Kapiteln 9–12 des *Mysterium Cosmographicum* Elemente der traditionellen Astrologie in seinem kosmologischen Weltbild zu verankern sucht. Zugleich konnten wir seinen Anmerkungen zur zweiten Auflage einiges zu der Frage, wie sich seine Stellung zur Astrologie in dem folgenden Vierteljahrhundert gewandelt hat, entnehmen. Was letztlich übrig

66 A. a. O., S. 76.
67 A. a. O., Anm. 35, S. 85.
68 A. a. O., Anm. 36, S. 85.
69 A. a. O., S. 76.
70 A. a. O., Anm. 37, S. 85.

blieb, war eine gereinigte Fassung der Aspektenlehre, wie Kepler sie in reifer Form in *Harmonice Mundi* (1619) vorlegt. Das werde ich in Kapitel 8 schildern. In diesem Kapitel möchte ich anhand zumindest einer astrologischen Schrift der Zwischenzeit zeigen, wie sich Keplers Ablösung von traditionelleren Inhalten der Astrologie vollzieht. Zugleich lässt sich an dieser Entwicklung Keplers Weg zu methodologisch modernerer Naturphilosophie ablesen. (Keplers astrologische Schriften der ersten Dekade des neuen Jahrhunderts sind ohne ihren biographischen Zusammenhang kaum verständlich. Ich stütze mich dafür auf Max Caspars Biographie *Johannes Kepler*.)

Die bedeutsame astrologische Schrift, die ich jetzt behandeln möchte, ist die 1602 erschienene Abhandlung ›De Fundamentis Astrologiae Certioribus‹ (Über die sichereren Grundlagen der Astrologie)[71], in aller Eile verfasst in den letzten Monaten des Jahres 1601. Warum diese Eile? Kepler weilte zu dieser Zeit bereits in Prag, nach Tübingen und Graz der dritten Stätte seines Wirkens. Kepler hatte Brahe, noch bevor dieser als kaiserlicher Mathematiker nach Prag übersiedelte, ein Exemplar seines Buches geschickt, das Brahe günstig, wenn auch – bzgl. der apriorischen Spekulationen – mit Zurückhaltung aufgenommen hatte. Brahe drängte Kepler, seinen Entwurf empirisch zu prüfen, und kam damit Keplers eigenem Wunsch entgegen; vor allem aber wollte er sich der Dienste dieses jungen und offenbar sehr fähigen Mathematikers versichern, um seine eigene astronomische Theorie (eine Art Kompromiss zwischen den Systemen von Ptolemäus und Kopernikus, wie wir gesehen haben) zu festigen. So lockte denn Brahe Kepler mit Angeboten zur Zusammenarbeit nach Prag, denen Kepler um so bereitwilliger folgte, als er sich als Lutheraner in der katholischen Steiermark im Zuge der sich verschärfenden Gegenreformation wachsenden Bedrängnissen ausgesetzt sah. Anfang1600 reiste er nach Prag und »raufte sich mit Brahe zusammen«. (Beide waren von einem Temperament, das selbst kleinere Differenzen zu Ursachen für tiefe Zerwürfnisse anwachsen zu lassen drohte.) Die Zusammenarbeit von Kepler und Brahe währte jedoch nicht lange, da letzterer im

71 Eine englische Übersetzung dieser lateinischen Schrift findet sich in J. V. Fields ›A Lutheran Astrologer: Johannes Kepler‹, *Archive for History of Exact Sciences* 31, No. 3, 12/84, 189–272.

Oktober 1601 plötzlich starb. Kepler setzte verständlicherweise alles daran, sein Nachfolger zu werden, und es ist wohl dieser Zusammenhang, in dem seine Eile bei der Verfassung der Schrift ›De Fundamentis‹ gesehen werden muss. Tatsächlich gelang es Kepler, die Nachfolge Tychos anzutreten und damit vor allem Zugang zu dessen Aufzeichnungen zu bekommen, den ihm der eifersüchtige Brahe vorher nur ausschnittsweise gewährt hatte.

Ich denke, dass der Inhalt der Schrift ›De Fundamentis‹ noch teilweise den äußeren Zweck ihrer Verfassung widerspiegelt. So ist es erstaunlich, dass die kopernikanische Lehre in dieser Arbeit überhaupt nicht thematisiert wird. Da wir wissen, wie begeistert Kepler von dieser Lehre war, dürfen wir einen Sinneswandel seinerseits ausschließen. Vielmehr hätte ein engagiertes Eintreten für die noch nicht sehr bekannte kopernikanische Lehre nicht nur die Leserschaft seiner Schrift eingeschränkt, sondern hätte auch einen deutlichen Affront gegenüber Brahes Erben und allen ihm Nahestehenden bedeutet, hatte doch Brahe in der kopernikanischen Lehre einen scharfen Konkurrenten seines eigenen Systems erblickt, auf das er auch Kepler zu verpflichten suchte. In ›De Fundamentis‹ also hält sich Kepler – diplomatisch, wie ich meine – hinsichtlich der Frage nach der Bewegung der Erde zurück.

Andererseits ist interessant, dass Kepler zu dieser Zeit annimmt, die Planeten hätten auch ein Eigenlicht, und wie er das begründet: Andernfalls müssten die Planeten, wie der Mond, Phasen zeigen.[72] Wir sehen hier beispielhaft, wie Kepler auf dem Weg ist zu einer für Himmel und Erde einheitlichen Physik. Auch wenn dies keine direkte Konsequenz seines Kopernikanismus sein mag, ist es doch so, dass die Aufhebung der aristotelischen Dichotomie mit dem Akzeptieren der kopernikanischen Lehre Hand in Hand ging: Die Erde zu einem Planeten unter anderen zu machen, rüttelte an den Grundfesten der aristotelischen Physik (Bewegungs-, Elementenlehre etc.). Insofern macht Kepler zur Ableitung seiner astrologischen Lehren (wie auch sonst) ausführlich Gebrauch von einer Übertragung irdisch-physikalischer Einsichten auf Himmelsphäno-

72 *KGW* 4, These XXV, S. 17; bei Field p. 243. Dass die Planeten tatsächlich Phasen zeigen, konnte erst etwa zehn Jahre später Galilei mit seinem Fernrohr nachweisen, woraufhin Kepler seine Vorstellung von einem Eigenlicht der Planeten fallen ließ.

mene; sein Kopernikanismus ist also nicht nur kein Hindernis für seine Astrologie, sondern stützt diese in gewisser Weise.

Abgesehen von diesem indirekten Zusammenhang aber entwickelt Kepler seine astrologische Lehre in ›De Fundamentis‹ unabhängig vom Kopernikanismus; nur einmal (These XXXVII) nimmt er Rekurs auf sein Polyeder-Modell.

Die Schrift ›De Fundamentis‹ ist, wie gesagt, in lateinischer Sprache abgefasst, richtet sich also an einen gebildeten Leserkreis, wenn auch offensichtlich nicht nur an Spezialisten; ist sie doch in großen Teilen ein Kalender (auf das Jahr 1602), der einzige von Kepler herausgebrachte lateinische Kalender. Im Hinblick auf das gebildete Publikum glaubte Kepler wohl auch auf die sonst geübte Dringlichkeit bei den Ermahnungen und Warnungen vor Aberglauben am Beginn der Schrift verzichten zu können. J. V. Field bemerkt, dass Maestlin an Keplers in früheren Kalendern ausgedrückter Skepsis Anstoß genommen habe und Kepler vielleicht auch deswegen in diesem lateinischen Text weniger harsch mit abergläubischem Beiwerk der Astrologie umgehe als sonst.[73]

Kepler beginnt seinen 75 Thesen umfassenden Traktat mit der ironischen »sichersten aller Prognosen: dass dieses (kommende) Jahr die Ernte an Prognosen reichlich sein werde«.[74] Nach einigen weiteren, sein Unternehmen von dem der meisten Kalenderschreiber abgrenzenden Vorbemerkungen (Thesen II–IV) kommt Kepler ab These V zur Sache, und zwar zunächst zu dem, was man die physischen Auswirkungen der Himmelskörper nennen könnte.

Ab These XXXVI wird Kepler dann mit den Aspekten – den Winkeln, unter denen Planetenpaare erscheinen – die »sehr viel nobleren« formalen Ursachen siderischer Einflüsse behandeln. Obwohl er in späteren Schriften sich ganz auf diesen »nobleren« Teil der Astrologie beschränkt, möchte ich seine »physikalische« Astrologie hier kurz skizzieren. (Die Aspektenlehre handelt zwar nur von den kombinierten Wirkungen jeweils mehrerer Gestirne zusammen; die astrologischen Charaktere der einzelnen Planeten bleiben jedoch von Interesse, da es schließlich diese sind, die durch Aspekte, je nachdem, geschwächt oder verstärkt werden.)

73 Op. cit., p. 196.

74 These I, frei übersetzt.

Ganz wie bei Ptolemäus werden die Einflüsse von Sonne, Mond und (übrigen) Planeten nacheinander, in dieser Reihenfolge, abgehandelt. Dabei werden, wieder wie bei Ptolemäus, die – die aristotelischen Elemente definierenden – Begriffspaare warm/kalt und feucht/trocken zugrunde gelegt. Übertragendes Medium für diese Qualitäten ist in jedem Fall das Licht. Hier nun wird Keplers Theorie eigentlich physikalisch: dass das Sonnenlicht Wärme, das Mondlicht hingegen Feuchtigkeit bringt (eine traditionelle aristotelische Vorstellung), liege daran, dass die Sonne direkt Licht aussende, der Mond aber nur Licht reflektiere. Je nach dem Verhältnis nun, in dem ein Planet Eigenlicht aussendet und Licht der Sonne reflektiert, vermittelt er Wärme und Feuchtigkeit. Denn dass die Planeten (auch) Eigenlicht aussenden, war, wie schon bemerkt, durchaus Keplers Überzeugung.[75]

Dass die Sonne, durch ihre Lichtstrahlen, wärmt, ist die wohl grundlegendste »astrologische« Erfahrung. Aber auch die Wirkung des Mondes auf Flüssigkeiten wird von Kepler als Tatsache konstatiert; die Gründe dafür habe die Naturphilosophie jedoch noch nicht ganz verstanden (These XV). Es wird nicht gesagt (aber wohl als selbstverständlich unterstellt), dass der Mond selbst wässrig (feucht) sei. – Merkwürdig ist, dass die Wirkung des Mondes sehr stark mit seiner Phase schwanken soll (Thesen XV–XVIII). Anscheinend ist das für Kepler schlicht eine Folge des variablen Mondlichts. Ob Kepler auch andere Wirkungsweisen des Mondes kennt, bleibt unklar (vgl. These XV); in These XVI jedenfalls ist – in offenkundiger Berufung auf die Tradition – auch von einem halbmonatigen Mondrhythmus der Mediziner »und daher« einem halbtägigen der See die Rede.

In These XIX, der ersten der den »übrigen Planeten« gewidmeten Thesen, sieht Kepler im Licht den einzigen Weg, dass von den Sternen etwas zu uns herabkommt. Auf diesem Weg entfalten die Sterne die beiden Grundwirkungen, Wärme und Leben/Bewegung, und zwar durch direktes bzw. reflektiertes Licht (These XXI).

75 Die das Gegenteil beweisenden Phasen der Planeten wurden, zuerst am Beispiel der Venus, erst knapp zehn Jahre später von Galilei mit dem Fernrohr nachgewiesen.

Kepler entwickelt sodann eine eigenartige Systematik der fünf Planeten in einem Diagramm (These XXIV).[76] Darin sieht er für die beiden Grundqualitäten (Wärme und Feuchtigkeit) *drei* Gradabstufungen vor (vorbereitet in These XX, in Abhebung von Aristoteles), wobei Sonne und Mond (Ptolemäus' »Hauptgestirne«) je eine Grundqualität rein zugeschrieben bekommen; bleiben neun Kombinationen für die fünf eigentlichen Planeten.[77]

Die hier nicht weiter referierte Zuordnung der Kombinationen ist jedoch keineswegs so offensichtlich, wie Kepler uns glauben machen will – jedenfalls nicht, wenn wir nicht bestimmten astrologischen Traditionen einfach zu folgen geneigt sind. Tatsächlich gibt Kepler uns mit einer Theorie der Farben aber Mittel an die Hand, die Zuordnungen jedenfalls teilweise zu rechtfertigen. Von der Farbe des reflektierten Lichtes könne man auf die Oberflächenbeschaffenheit des betreffenden Planeten schließen. So habe Mars eine schwarze Oberfläche, Saturn eine raue weiße, Jupiter eine rote oder purpurne, Venus eine gleichmäßig gelbe oder weiße und Merkur eine blaue oder grüne (These XXVIII).[78]

Kepler sieht Anlass, sich für seine – teils schwer nachvollziehbaren – Schlüsse aus irdischen Erfahrungen auf die Eigenschaften von Himmelskörpern zu rechtfertigen. So könne man in gewissen Edelsteinen etwas Göttliches und Himmlisches sehen wie im Licht der Sonne.[79]

Es folgen Vergleiche der Planeten mit Mineralien und Edelsteinen (noch These XXX) und Thesen (XXXI–XXXIV) von einigen die Wirkung des Planetenlichts variierenden Faktoren.

Damit ist der physikalische Teil der Schrift beendet.

Ab These XXXVI geht Kepler zu dem »nobleren« geometrischen Teil, der Aspektenlehre, über.[80] Diese ordnet den Wirkungen jeweils zweier Planeten besondere Bedeutung zu, wenn sie uns unter gewissen ausgezeichneten Winkeln erscheinen. Dabei könne der Mond in

76 KGW 4, S. 17.

77 Bei dieser Differenzierung werden also die »kopernikanischen« Planeten gesondert behandelt.

78 A. a.O., S. 18.

79 A. a.O., S. 19.

80 Zuvor betont er noch, dass auch die materiellen Ursachen quantitativer Betrachtung zugänglich seien.

Verbindung mit einem anderen Planeten auch dann wirksam sein, wenn gerade Neumond herrsche; es komme auf die *Imagination* der Strahlen des Mondes an. Auch störe es nicht, wenn die Erde gerade zwischen unserem Beobachtungsort und einem wirksamen Planeten liege. Die Wirkungen der Aspekte seien sehr sorgfältig durch Erfahrungen abgesichert.[81] – Ich möchte die Aspektenlehre jedoch nicht weiter anhand der frühen Schrift ›De Fundamentis‹ behandeln, sondern erst in Kap. 8, gemäß der reiferen Exposition in *Harmonice Mundi*, darauf kurz zurückkommen.

Von weiteren Arbeiten Keplers zur Astrologie seien noch erwähnt: *De Stella Nova* (1609)[82] und *Tertius Interveniens* (1610).[83] Letztere Schrift ist der Versuch einer Vermittlung zwischen der weitgehenden Astrologie Röslins[84] und deren Ablehnung durch Feselius.

81 A. a.O., S. 21 f.

82 Der »Neue Stern« von 1604, nach heutigem Sprachgebrauch eine Supernova, beschäftigte Kepler und viele seiner Zeitgenossen nicht nur in astrologischer Hinsicht; vgl. dazu Westmans detaillierte Einschätzung dieses Werks im historischen Kontext in 2011, Kap. 14 und 15.

83 Der genauere (aber immer noch abgekürzte) Titel dieser auf Deutsch abgefassten Schrift lautet: *Tertius Interveniens. Das ist Warnung an etliche Theologos, Medicos und Philosophos, sonderlich D. Philippum Feselium, daß sie bey billicher Verwerffung der Sternguckerischen Aberglauben nicht das Kindt mit dem Badt außschütten*. Eine Interpretation findet sich in Volker Bialas' *Johannes Kepler* (2004), Abschn. 3.4.

84 Vgl. Keplers *Antwort auf Röslini Discurs* von 1609.

5. Eine auch praktisch wichtige Aufklärung: Keplers Optik des Auges

Um Keplers Astronomie zu würdigen, komme ich nicht umhin, auch einen Blick auf seine optischen Studien zu werfen; warum, das wird etwas später deutlich werden. Zu einer angemessenen Einschätzung von Keplers Physik gehört die Beschäftigung mit seiner Optik ohnehin.

Es sind im Wesentlichen zwei Schriften, in denen Kepler sich mit Problemen der Optik auseinandersetzt: die *Grundlagen der geometrischen Optik* von 1604 und die *Dioptrik* von 1611.[85] Zwei seiner Leistungen zur Optik sind schnell bekannt geworden: seine Verbesserung des Fernrohrs und seine Theorie des menschlichen Auges; letztere war die erste zutreffende Deutung, wie das Auge Bilder der Außenwelt generiert.

Bleiben wir zunächst bei seinem Beitrag zur Entwicklung des Fernrohrs. Galilei hat das Fernrohr bekannt gemacht, indem er es auf den Himmel richtete und dabei getätigte Beobachtungen 1610 in seinem *Sidereus Nuncius*[86] veröffentlichte. Er hatte von einem derartigen – in Holland fabrizierten – Instrument gehört und es selbst nachgebaut. Durch das Fernrohr konnte er Einzelheiten der Mondoberfläche sehen, die darauf hindeuteten, dass der Mond von Kratern bedeckt und also keinesfalls so vollkommen und kugelförmig ist, wie die Tradition ihn sah; im Gegenteil: Der Mond sieht der Erde recht ähnlich.

85 Originaltitel des Buches von 1601: *Ad Vitellionem paralipomena quibus astronomiae pars optica traditur*, und des Buches von 1611: *Dioptrice*. Deutsche Übersetzungen beider Bücher sowie weiterer einschlägiger Schriften Keplers in: Johannes Kepler, *Schriften zur Optik 1601–1611*, hrsg. von Rolf Riekher, Ostwalds Klassiker der exakten Wissenschaften, Bd. 198. Frankfurt/Main: Harri Deutsch 2008.

86 Dt. Übersetzung Frankfurt/M. 1965.

Wichtiger noch war Galileis Entdeckung von vier Monden des Jupiter, die zeigten, dass – in Kopernikanischer Sichtweise – die Erde nicht der einzige Planet mit einem Begleiter ist. Galilei nannte die Jupitermonde »Mediceische Gestirne« und machte sich dadurch den Florentiner Hof gewogen, der ihm auch prompt eine Stellung dort anbot. Nun konnte Galilei seine Mathematik-Dozentur an der Universität Padua und damit die Lehre unter kirchlicher Aufsicht aufgeben und stattdessen als »Philosoph« der Medici ein höheres Gehalt beziehen; auf der geachteteren Stellung eines Philosophen hatte er bestanden.

Kepler war beeindruckt und erregt von der Kunde der Galileischen Entdeckungen.[87] Es gelang ihm, eines der Fernrohre, die Galilei nur an einflussreiche Leute geschickt hatte, in Augenschein zu nehmen und zu benutzen. Sofort machte er sich daran, die Optik des Fernrohrs zu verstehen und zu verbessern; er vermochte es, die Funktion des Fernrohrs optisch zu erklären. Resultat war das »Keplersche Fernrohr«, wie es in der Astronomie üblich werden sollte.

Über das Fernrohr kam es erneut zu einem Austausch zwischen Kepler und Galilei, nachdem sie Ende des 16. Jahrhunderts schon einmal miteinander korrespondiert und sich gegenseitig der Vorzüge des kopernikanischen Weltbilds versichert hatten. Vergeblich hatte Kepler Galilei damals gedrängt, auch offen zu Kopernikus' Verdiensten zu stehen.

Bevor ich Keplers Theorie des menschlichen Auges darstelle, möchte ich historisch etwas ausholen, da Keplers Optik wesentliche Wurzeln in neoplatonischen Vorstellungen hat. Ich stütze mich dabei auf die grundlegenden wissenschaftshistorischen Studien David C. Lindbergs, besonders auf die einschlägigen Kapitel in dessen Werk *Theories of Vision from Al-Kindi to Kepler*[88], aber auch auf einen späteren Aufsatz.[89] In letzterem zieht Lindberg eine Li-

87 Er hat auch sofort mit seiner *Dissertatio cum nuncio sidereo*, Prag 1610, geantwortet; dt. Übersetzung Gräfelfing 1964.

88 The University of Chicago Press 1976; deutsch unter dem Titel *Auge und Licht im Mittelalter. Die Entwicklung der Optik von Alkindi bis Kepler*, Frankfurt/M.: Suhrkamp 1987.

89 ›The Genesis of Kepler's Theory of Light: Light Metaphysics from Plotinus to Kepler‹, *Osiris*, second series, vol. 2 (1986), 5– 42.

nie von Plotin im 3. Jahrhundert durch Spätantike und Mittelalter bis in Keplers Zeit. Z. B. finden wir neoplatonistische Lichtmetaphern bei Augustin (um 400) und eine interessante Aufnahme bei Al-Kindi im 9. Jahrhundert, dem »ersten Philosophen der Araber«, besonders in der Astrologie.[90] Sein Grundsatz »überall Strahlung von allem« wird noch von John Dee (um 1600) verteidigt: »everything --- sends its species in all directions …«[91]

Im neunten und letzten Kapitel seines Buches skizziert Lindberg die historische Linie, auf die Kepler sich für seine *Theorie des Netzhautbildes* bezieht. Es ist besonders die sogenannte ›Perspectiva‹ des 16. Jahrhunderts, an die Kepler anknüpft. Dies war, seit Roger Bacon im 13. Jahrhundert, die Bezeichnung für die mathematische Optik (im Zusammenhang mit dem Neoplatonismus); insofern verblieb Kepler in den disziplinären Grenzen des Mathematikers, wenn er sich auf die ›Perspectiva‹ bezog.

Ein dünner Strom der Geschichte der Optik des späten Mittelalters stand in der ›perspektivischen‹ Tradition des Roger Bacon. Im 16. Jahrhundert führte dies zu einer neuen Blüte, besonders bei Maurolico, della Porta und Risner. Von Maurolico (1494–1515) stammt die erste zufriedenstellende Einschätzung der Camera obscura, jenes einfachen Gerätes, das aus einem Kasten mit einer kleinen Öffnung besteht, durch die Licht auf die gegenüberliegende Seite fällt und dort ein umgekehrtes Bild der äußeren Welt erzeugt.

Maurolico hat sein Modell der Camera obscura aber noch nicht auf das Auge angewandt. Für das Auge blieb er bei der überlieferten Vorstellung, dass die Sehkraft in der »Kristallflüssigkeit«, der Linse im heutigen Verständnis, liegt. Aber Maurolico verstand schon die sammelnden bzw. streuenden Eigenschaften von Bikonvex- und Bikonkav-Linsen – ohne auf die überkommene Vorstellung von R. Bacon und Pecham zu bauen, dass das Auge nur die orthogonal auf die Linse fallenden Strahlen sammle. Er sah allerdings die Bündelung in der Linse als nicht so stark an, dass die Strahlen sich kreuzten; so ergab sich also keine Bildumkehrung, die ihm, wie allen Optikern seiner Zeit, unverständlich erschienen wäre.

90 A. a.O., p. 12 f.

91 A. a.O., p. 27.

»Pupillen« (=Augenlinsen) wurden als natürliche Brillen und Brillen aus Glas als künstliche Pupillen angesehen.[92] Maurolico übergeht das Problem, dass sichtbare Punkte Licht in alle Richtungen ausstrahlen. Erst Kepler fand die Erklärung, dass diese Strahlen im Brennpunkt der Linse vereinigt werden.

Giambattista Della Porta (1535–1615) war einer der umfassendst Gebildeten seiner Zeit. Zu seinen wichtigsten Leistungen zählt die *Magia naturalis* von 1558. In seinem optischen Hauptwerk *De refractione optices parte libri novem* legt er seine Theorie der *Brechung* von Lichtstrahlen vor, mit deren Hilfe er das Auge als eine kleine Camera obscura verstehen konnte. Aber obwohl er die Camera obscura durch Einsetzen einer Linse verbesserte, behandelt er das Auge nicht entsprechend, sondern sieht weiterhin die »Kristallflüssigkeit« der Linse als Schirm und Hauptsehorgan an.

Der dritte wichtige Vorläufer Keplers ist Friedrich Risner aus Hessen (gest. ca. 1580), der meist an der Pariser Universität lehrte und dort mit Peter Ramus zusammenarbeitete. Dieser regte ihn an, Alhazen und Witelo zu edieren (erschienen 1572); so wurden diese Texte auch Kepler zugänglich. Sein eigener Text zur Optik wurde erst 1606, also nach seinem Tod, veröffentlicht[93]; Keplers erstes Optik-Buch war zu dem Zeitpunkt bereits erschienen. Kepler kannte allerdings schon Risners Anknüpfung an Alhazen und Witelo sowie della Portas *Magia naturalis*, auch wenn ihm dessen eigene optische Schriften verborgen blieben.

Die ersten optischen Studien Keplers betreffen die Camera obscura. So beschäftigte er sich mit der Beobachtung einer Sonnenfinsternis im Juli 1600, die Tycho mittels einer Lochkamera gemacht hatte. Dabei war ihm der Mond kleiner erschienen als gewöhnlich. Vergeblich suchte Kepler zunächst Auskunft über dieses Phänomen bei Witelo und Pecham.[94] Kepler beschreibt ein Experiment, das zeigt, wie die scheinbare Verkleinerung des Mondes bei einer Betrachtung mit der Camera obscura zustande kommt.[95] Er zieht

92 Lindberg 1976, dt. Übersetzung S. 318.

93 Risners Schrift wurde wenig rezipiert. Allerdings gehörte auch der durch sein Brechungsgesetz bekannt gewordene Snellius zu seinen Lesern.

94 Vgl. seine *Ad Vitellionem Paralipomena*.

95 Vgl. ähnliche Versuche Albrecht Dürers schon 1525.

den interessanten Schluss, dass solch ein Vorgang auch beim Auge selbst zu erwarten ist. Das führt ihn zu seinen Untersuchungen der *Optik des Sehvorgangs*. Es gelingt ihm, wie gesagt, als erstem, diesen zutreffend zu beschreiben.

Er beginnt mit einer Auseinandersetzung mit den »Perspektivisten« des Mittelalters und findet, dass deren Seh-Theorie grundsätzlich falsch sein muss; das gilt schon für die Anatomie. Dass die Linse nicht Quelle des Gesichtsinns sein kann, ergibt sich bereits daraus, dass sie von der Netzhaut und ihren Nerven getrennt ist, wie schon sein Zeitgenosse Felix Platter gezeigt habe. Auch sei die Rückseite der Linse gewölbt, sogar stärker als die Vorderseite, so dass die Sehstrahlen – anders als von den Perspektivisten angenommen – sich schneiden müssen. Er sieht allerdings die Schwierigkeit, dass sich das von der Linse erzeugte Bild dadurch umkehrt – eine Folge, die frühere Autoren durch spezielle, aber unhaltbare Annahmen zu vermeiden suchten.

Auch physikalisch irrten sich Keplers optische Vorläufer, vor allem durch die Annahme, das Auge verwende nur die senkrecht auf die Linse fallenden Strahlen. Dagegen empfängt *jeder* Augenpunkt Licht von *jedem* Punkt des Gesichtsfeldes. Es sei auch nicht möglich, dass die schräg einfallenden und dadurch gebrochenen Strahlen derart durch die Brechung geschwächt werden, dass sie zu vernachlässigen sind. Denn die *fast* senkrecht einfallenden Strahlen könnten auch nur sehr geringfügig geschwächt werden; Kepler bedient sich also auch eines physikalischen Arguments.

Kepler räumt ein, dass er die Anatomie des Auges nicht selbst habe erforschen können; er verlässt sich dafür auf Felix Platter und auf seinen Freund Johannes Jessen. Auf Platter geht die bahnbrechende Auffassung zurück, die Netzhaut sei empfindungsfähig und der Sehnerv erwachse aus der Substanz des Großhirns. Den Einsichten Platters, dass nicht die Linse, sondern die mit dem Sehnerv verbundene Netzhaut das Empfindungsorgan sei (gegen Jessen), stimmt Kepler zu. Die Theorie des Netzhautbildes hat nach Kepler die Aufgabe, eine 1:1- Beziehung der Punkte des Gesichtsfeldes mit den angeregten Punkten im Auge herzustellen, obwohl von jedem sichtbaren Punkt Strahlen in jede Richtung ausgehen und jeder empfindungsfähige Punkt im Auge Strahlen aus jeder Richtung empfängt. Jeder sichtbare Punkt, so Kepler, erzeugt einen *Kegel* (mit der Basis in der Pupille). Diese Kegel durchdringen einander und vertauschen rechts/links und oben/unten, s. die (von Descartes stammende) Abb. 5.1.

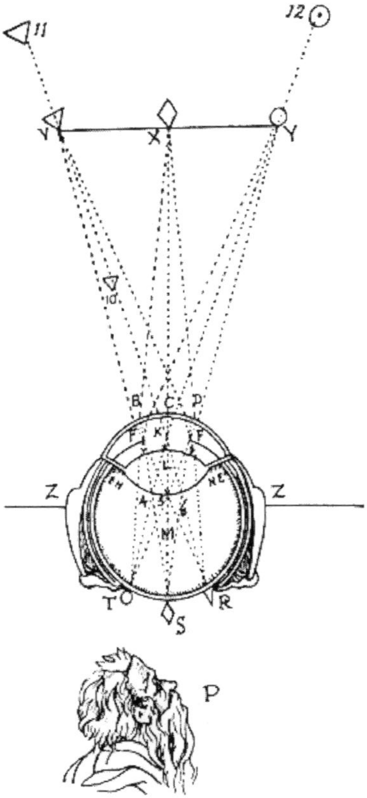

Abb. 5.1

Bis hierhin, so Lindberg, wären wohl auch die Perspektivisten Kepler gefolgt. Dessen Neuerungen begönnen erst mit dem weiteren Strahlengang im Auge und der Anforderung, auch die nicht senkrecht auf die Linse fallenden Strahlen zu berücksichtigen. Kepler untersucht die Bündelungseigenschaften von Linsen, ohne die Schriften der wenigen Vorgänger dazu (Maurolico und Della Porta) zu kennen. Er orientiert sich an dem Strahlengang in durchsichtigen Kugeln; erst in seiner *Dioptrice* (1611) befasst er sich auch mit dünnen Linsen. Da aber der Übergang von der Linse zum dahinterliegenden Augenkörper optisch vernachlässigbar sei, seien die an Kugeln gewonnenen Einsichten mit guter Näherung auf das Auge anwendbar. Daraus ergibt sich ein Strahlengang wie in obiger Abbildung von Descartes: Die Basis eines jeden von einem Punkt des Gesichtfeldes ausgehenden Kegels ist zugleich die Basis eines konvergierenden Kegels, dessen Spitze auf der Netzhaut liegt. Damit ist die geforderte 1:1-Abbildung des Gesichtsfeldes auf die Netzhaut geleistet.

Zugleich ist mit dieser Theorie etwas erreicht, was uns heute selbstverständlich ist, bei den Perspektivisten aber nicht gesehen wurde: Es wird im Auge tatsächlich ein *Bild* erzeugt; Kepler spricht auch von »pictura« (neben »idolum«, »imago« und »species«).[96] Dass dieses erzeugte Bild seitenverkehrt ist, nötigt Kepler dazu, sich auch mit der »physikalischen« Seite des Sehens zu befassen.

Die »Physik« des Sehens (inklusive Physiologie etc.) soll aufklären, was Leonardo, Maurolico u. a. zu vermeiden suchten: die Umkehr des Bildes im Auge. Auch Keplers Freund Brengger nahm Anstoß an dieser Umkehr, dabei aber offenbar voraussetzend, dass die Abbilder im Auge ihrerseits »gesehen« werden und nicht, in einem ganz anderen Sinne, von den Nerven »interpretiert«. Dazu Kepler:

> Das Sehen, wie ich es erkläre, kommt dadurch zustande, dass das Bild der gesamten Halbkugel der Welt, die vor dem Auge liegt, [...] auf die [...] Netzhaut gebracht wird. Ich muß es den Physikern [Physiologen] zur Entscheidung überlassen, auf welche Weise sich das Bild oder dieses Gemälde mit den geistigen Sehstoffen verbindet. Das Rüstzeug der Optiker reicht nicht weiter als bis an diese dunkle Wand, die als erste im Auge auftritt.[97]

Wenn Kepler selbst auch nichts zur »Physik« des Sehens selbst beiträgt, so macht er doch unmissverständlich klar, dass die Optik der äußeren Welt bis in das Innere der Augen vordringt und dort ihre scharfe Grenze hat. Die Grenze zwischen äußerer und innerer Welt wird gleichsam nach innen verlegt. Er wendet sich damit auch

96 Zu verblüffenden Parallelen mit der holländischen Malerei vgl. Svetlana Alpers: *The Art of Describing. Dutch Art in the Seventeenth Century* (1983), dt. Übersetzung Köln: DuMont 1995.

97 *Ad Vitellionem Paralipomena*, S. 151 f.; *Behandlung des Sehens*, Jg. 9, S. 20.

gegen Witelos Gedanken, dass die Bilder selbst den Sehnerv zum Gehirn durchlaufen. Die *Bilder* gelangen nicht über den Glaskörper des Auges mit seiner begrenzenden Netzhaut hinaus. Kepler malt die Schwierigkeiten der von anderen gedachten weiteren optischen Verarbeitung aus und schließt:

> Deshalb überschreitet weder das Licht die hintere Oberfläche des Glaskörpers, noch wird es daselbst gebrochen, sondern es malt sich darauf ab.[98]

Und schließlich:

> […] durch diesen Eindruck der Abbilder in den geistigen Stoff entsteht das Sehen. Der Eindruck selbst ist aber kein optischer, sondern ein physiologischer und bestaunenswerter [admirabilis] Vorgang.[99]

Kepler glaubt also, den Sehvorgang letzten Endes den (auch stofflich gedachten) geistigen Prinzipien überlassen zu können – in Spannung zu Descartes' wenig später proklamierter strenger Dualität von Körperlichem und Geistigem.

Die eigentliche Leistung Keplers in Hinblick auf die Entwicklung der Optik ist, dass er mit der unrealistischen Vorstellung, nur die senkrecht auf die Linse fallenden Strahlen seien zu berücksichtigen, bricht und dass es ihm gelingt, die Optik des Auges in einer bis heute gültigen Weise aufzuklären. Kepler löste damit ein mindestens 600 Jahre altes Problem.

98 Ibid., S. 152 / S. 20 f.
99 Ibid., S. 152 f. / S. 21, Übersetzung geändert.

6. Der astronomische Durchbruch: *Astronomia Nova* (1609)

Diese 1609 erschienene Schrift ist Keplers erstes großes astronomisches Werk. Er bezeichnet sie auch gern als seinen »Mars-Kommentar«. Denn Kepler hat seine Erkenntnis, dass und wie die Planeten sich auf *Ellipsen* um die Sonne bewegen, am Beispiel des Mars gefunden und ausgearbeitet. Es war nämlich dieser Planet, mit dessen Theorie ihn Brahe beauftragt hatte. Der Mars hatte Brahe besondere Schwierigkeiten gemacht, da er eine (vergleichsweise) sehr hohe Exzentrizität hat, d. h. der Mittelpunkt seiner Bahn ein (vergleichsweise) großes Stück von der Sonne entfernt liegt. Zwar erschien auch die Mars-Bahn, wenn man von außen auf sie blickte, fast wie ein Kreis, doch sind die Abweichungen davon auch für die vorteleskopische Astronomie groß genug, um sich der gewohnten Interpretation mit Kreisen und Kreisen auf Kreisen (Epizykeln) nicht zu fügen. Da Brahe Kepler für den mathematisch begabtesten seiner Assistenten hielt, hatte er diesem die Arbeit an Mars übertragen. Das war um die Jahrhundertwende. Erst etliche Jahre später, nach mehreren Versuchen und einer Unzahl schwieriger Berechnungen, gelang es Kepler schließlich, zu der auch heute noch anerkannten Theorie, wonach der Mars auf einer Ellipse umläuft, vorzustoßen. Die Übertragung dieser Theorie auch auf die anderen Planeten erwies sich dann als einfacher.

Gleich im ersten Kapitel der *Astronomia Nova* gibt es eine Überraschung. Man findet dort[100] eine Zeichnung (Abb. 6.1), wie die Bahn des Mars, der herkömmlichen ptolemäischen Astronomie zufolge, in der »Vogelperspektive« aussieht: eine weit ausladende Rosettenbahn. Diese Darstellung ist womöglich die erste ihrer Art in der Wissenschaftsgeschichte! In der Regel wurden Planetenbahnen als Bewegungen von Kreisen auf Kreisen (Sphären) verstanden, man

100 Dt. Ausgabe S. 60.

»sah« diese *Kombination* von Kreisen, aber nicht die resultierende Bahn im Raum. Das hängt natürlich auch damit zusammen, dass die Planeten in der alten Vorstellung im strengen Sinn gar keine Eigenbewegungen hatten, sondern nur von den sie tragenden Sphären herumgeführt wurden.

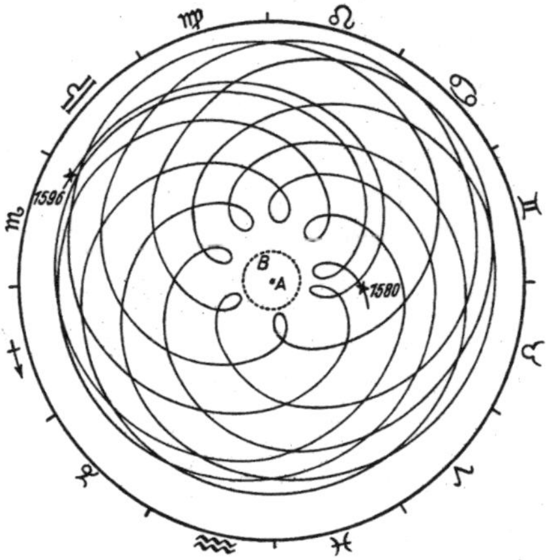

Fig. 2.

Abb. 6.1

Keplers *Astronomia Nova* (künftig einfach ›*AN*‹) hatte zunächst keinen durchschlagenden Erfolg. Das war angesichts seiner unerhörten Neuerungen und auch wegen der für damalige Zeit schwierigen Mathematik, die Kepler verwendete, wohl auch nicht anders zu erwarten.

Da ich in diesem Buch auf Keplers Weltharmonik abziele, wäre es unangebracht, Keplers *AN* ausführlich zu besprechen. Für interessierte LeserInnen sei aber hingewiesen auf aufschlussreiche neuere Arbeiten zur *AN*. Da ist einmal Bruce Stephensons *Kepler's physical astronomy* von 1987[101] und dann vor allem James Voelkels *The Composition of Kepler's Astronomia Nova* von 2001.[102] Die Diskus-

101 Bruce Stephenson, *Kepler's physical astronomy*, New York: Springer 1987.

102 James Voelkel, *The Composition of Kepler's Astronomia Nova*, Princeton University Press 2001.

sion der *AN* im angelsächsischen Bereich wurde erleichtert durch das Erscheinen einer englischen Übersetzung im Jahre 1992.[103]

Keplers *AN* könnte leicht so gelesen werden, wie er sie uns präsentiert: mit einem Aufbau, den Kepler aus didaktischen Gründen so gewählt hat. Dagegen hebt Voelkel, wie heute üblicher, vor allem auf die rhetorische Struktur der *AN* ab und zeichnet dadurch ein anderes Bild. Auch zeigt Voelkel, dass die Komposition der *AN* vielfach Rücksicht nimmt auf die Auflagen von Tychos Erben, denen Kepler nachkommen musste.

Keplers *Astronomia Nova* verdankt sich außerordentlichen Zufällen und historischen Besonderheiten.[104] Es ist offensichtlich, dass in den frühen Jahren des 17. Jahrhunderts, in denen Kepler dieses Werk schuf, einzig und allein Tycho Brahe über die astronomischen Beobachtungsdaten verfügte, ohne die das Werk nicht hätte entstehen können. Kepler war wohlbewusst, dass es keine bessere Quelle für empirisches Material in der Astronomie gab, und hatte den Kontakt mit Brahe v.a. gesucht, um seine Thesen des *Mysterium Cosmographicum* an diesem Material zu prüfen. Brahe war aufgrund dieser frühen Schrift Keplers sehr klar, dass dieser mathematisch außergewöhnlich begabt war und ihm bei der Ausarbeitung seiner eigenen kosmologischen Vorstellungen sehr hilfreich werden könnte. Kepler wiederum war Kopernikaner und an Brahes System (vgl. Abb. 1.7) nicht sonderlich interessiert. Damit die beiden fruchtbar zusammenarbeiten konnten, mussten sie sich irgendwie arrangieren. Das klappte, wenn auch unter enormen Schwierigkeiten, schon wegen der sozialen Unterschiede: Brahe war ein hochangesehener, reicher adliger Gelehrter, Kepler ein noch recht unbekannter Mathematiker mit dürftiger und gefährdeter Stellung in Graz, wo er wegen der Gegenreformation kaum noch eine Chance hatte. Zudem waren die beiden Männer von fast unverträglichen Temperamenten. Nach nur kurzer Zeit gerieten sie heftig aneinander, so dass Kepler wütend davon fuhr, aber dann doch einen untertänigen Entschuldigungsbrief schrieb und nach Prag zurückkehrte.

103 Von W. H. Donahue: Cambridge 1992.

104 Zu einigen biographischen Details vgl. das sehr gut lesbare *Tycho & Kepler. The Unlikely Partnership That Forever Changed Our Understanding of the Heavens* von Kitty Ferguson, New York: Walker & Company 2002.

Hinzu kam, dass Kepler für seine Familie zu sorgen hatte und seiner Frau, die den Wegzug aus der Steiermark nur ungern mitmachte, ein auskömmliches Leben garantieren wollte.

Nach Keplers Rückkehr nach Prag waren die Probleme seiner Arbeitssituation dort aber keineswegs gelöst. Er bekam von Brahes Daten nur die für den Planeten Mars zu Gesicht, Brahe achtete streng darauf, dass Kepler, wie seine anderen Assistenten, nie zum Ganzen seiner astronomischen Schätze Zugang hatte. Brahe betrieb, für die Dimensionen der damaligen Zeit, so etwas wie »big science« mit detaillierter Arbeitsteilung und behielt die Gesamtkomposition sich selbst vor. Dafür hatte er, jedenfalls Kepler gegenüber, auch seine besonderen Gründe: Er wusste, dass Kepler Kopernikaner war und schwerlich auf den Brahe'schen Kurs einschwenken würde. So versuchte er, Keplers mathematische Expertise dafür zu nutzen, die schwer handhabbaren Mars-Daten in seinem eigenen System zu deuten. Auch mutete er Kepler zu, eine Verteidigung der Prioritätsrechte des Brahe'schen Systems gegenüber dem Dithmarscher Astronomen Bär, genannt *Ursus*, zu schreiben, mit dem Brahe einen Streit ausfocht.[105] Kepler hatte sich zuvor, ohne von dem Streit Brahe vs. Ursus zu wissen, zu Lobeshymnen auf Ursus hinreißen lassen, die Brahe ihm nur schwer verzieh.

Dass Kepler und Brahe es schließlich zur Kooperation gebracht haben, war ein Glücksfall und geradezu notwendig für das Zustandekommen der *Astronomia Nova.* Ein weiterer »Glücksfall« dafür stellte, schon bald nach Keplers Start in Prag, das plötzliche Ableben Brahes dar, im Oktober 1601, infolge eines Festbanketts beim Kaiser, das Brahe aus Gründen der Etikette trotz erheblicher Unpässlichkeit nicht vorzeitig verlassen wollte.[106] Brahe bekam ein imposantes Begräbnis, und schon wenige Tage später wurde Kepler zum Nachfolger Brahes als kaiserlicher Mathematiker ernannt, wohl auch, weil Brahe ihn kurz zuvor dem Kaiser vorgestellt und versichert hatte, Kepler würde an der Erstellung der »Rudolfinischen Tafeln« mitwirken, einem Tabellenwerk über die Planetenbewegungen, das die

105 Die abgekürzt *Apologia* genannte Schrift wurde erst 1858 veröffentlicht.

106 Kürzlich, Dez. 2012, wurden bei einer Untersuchung von Barthaaren Brahes keine Metallspuren gefunden, und Kepler wurde »vom Quecksilber-Giftmord-Vorwurf freigesprochen«, wie ein Boulevardblatt feststellte.

bis dahin gebräuchlichen Alfonsinischen und Prutenischen Tafeln an Genauigkeit weit übertreffen und die Praxis astronomischer Anwendungen, z. B. in der Astrologie, erheblich erleichtern sollte. Der Kaiser stimmte dem – wegen der Namensgebung für ihn schmeichelhaften – Plan zu und versprach auch Kepler ein auskömmliches Gehalt, wenn das auch weitaus geringer ausfiel als die Bezüge, die Brahe zugestanden hatten.

Die tatsächliche Bezahlung erwies sich allerdings als Problem (selbst für Brahe war es schwierig gewesen): Kepler sah sich immer wieder genötigt, bei Hofe vorstellig zu werden, um sein Gehalt auch tatsächlich zu bekommen. Diese Schwierigkeiten sollten im Laufe der vielen Jahre, die Kepler beim Kaiser diente, bestehen bleiben und wurden sogar schlimmer, weil wegen zunehmender kriegerischer Auseinandersetzungen, besonders im 30-jährigen Krieg, die kaiserlichen Kassen notorisch leer waren. Als Kepler schließlich 1630 starb, hatte er bzw. hatten seine Erben recht hohe Forderungen an den Hof, die aber nie beglichen wurden.

Die miserable kaiserliche Finanzpolitik spielte auch in anderer Hinsicht für Kepler eine prekäre Rolle. Kaiser Rudolph II. hatte nach dem Tod Brahes dessen Daten gekauft und Kepler, als dessen Nachfolger, zur Verfügung gestellt. Er hatte die Daten jedoch noch nicht bezahlt, so dass Kepler sich mit den Erben Brahes ins Benehmen setzen musste, um tatsächlich mit den Daten arbeiten zu können. Die Erben hatten aber ein strenges Auge auf Keplers Arbeiten, die in ihren Augen weiter dem Brahe'schen System dienen sollten. Tengnagel, Keplers Widerpart auf Seiten der Erben, forderte von Kepler die Daten, die Kepler zunächst bekommen hatte, zurück. Kepler gab die Daten zwar heraus, behielt aber heimlich die Mars-Daten, an denen er arbeitete. Tengnagel bemerkte deren Fehlen 1603, so dass Kepler dann auch dieser Daten verlustig ging. Er stellte daraufhin erst einmal sein erstes Optik-Buch (auch ein sehr bedeutsames Werk) fertig und publizierte es 1604. Nach einem Jahr Zwangspause für seine Mars-Arbeiten erhielt Kepler die nötigen Daten zurück und konnte seinen »Krieg gegen [den Kriegsgott] Mars«, wie er sein Unternehmen nannte, in die entscheidende Phase führen.

Kepler fand zunächst das heraus, was später von anderen sein »zweites Planetengesetz« genannt werden sollte: den sogenannten *Flächensatz* (vgl. Kap. 2). Dieser gilt, wie etliche Zeit später durch

Newton klar werden sollte, für alle von einer Zentralkraft verursachten Bewegungen, also nach Keplers Annahme, dass die Sonne die Planeten herumführe, auch für deren Bewegung. Dabei wusste Kepler noch nicht, dass sich die Planeten auf elliptischen Bahnen bewegen. Es erwies sich aber schließlich, dass Mars – den Flächensatz, dessen sich Kepler noch nicht so sicher war, unterstellt – sich *nicht auf einer Kreisbahn* bewegen konnte. Das war ein entscheidender Schritt und führte Kepler zu langwierigen Untersuchungen, auf welcher Art »Oval« als Bahn sich Mars bewegt. Dazu führte Kepler eine den Kreis in Längsrichtung berührende Ellipse ein, zwischen der und dem Kreis sich Mars bewegen musste. Dass die gesuchte Kurve selbst eine Ellipse ist, kam Kepler zwar in den Sinn, hielt er aber zunächst für ganz unwahrscheinlich, weil sonst, wie er meinte, sicher schon antike Autoren auf diese Lösung gekommen wären. Am Ende musste Kepler jedoch feststellen, dass tatsächlich nur eine Ellipse mit den ihm vorliegenden Daten verträglich ist. Das war im Jahre 1605, als Kepler sein Manuskript der *Astronomia Nova* abschloss. Dass es erst 1609 publiziert werden konnte, liegt an den Querelen mit Brahes Erben, auf die ich hier nicht weiter eingehen kann.

Ich will versuchen deutlich zu machen, was Keplers Ziel, die tatsächlichen Bahnen und Bewegungen zu finden, so schwierig machte. Der Mars, dessen Bewegung er zuerst untersuchte, weicht, wie schon bemerkt, ein wenig von der Kreisbahn ab. Allerdings sind die Exzentrizitäten der meisten anderen Planeten geringer, und das ist auch der Grund, warum die Behandlung des Mars sich in der traditionellen Astronomie als besonders schwierig herausstellte und warum Brahe gerade Kepler auf diesen Planeten angesetzt hatte.

Wir haben schon gesehen, dass Kepler schließlich mit großen Mühen auf das Ergebnis stieß – und das wäre bei der Untersuchung anderer Planeten noch schwieriger gewesen – , dass es schlicht keinen Kreis gibt, der Mars' Bewegung beschreiben könnte. Die Ungenauigkeit bisheriger Modelle, an der das klar wurde, beträgt nur acht Bogenminuten (das sind 8/60 eines Grades); das ist aber mehr, als die Brahe'schen Messungen tolerieren. Etwas anschaulicher ausgedrückt: Erst die Brahe'schen Beobachtungen machten bemerkbar, das Mars keiner Kreisbahn folgt; und Keplers Raffinesse ist es zu verdanken, dass er darüber hinaus die elliptische Gestalt der Marsbahn aufspürte.

Noch ein Wort zu den anderen Planeten außer Mars. Die Überlegungen zum Mars führten Kepler eo ipso zur Bahn der Erde, da die Mars-Beobachtungen nun einmal von der bewegten Erde aus gemacht werden, deren Bewegung also immer in Rechnung gestellt werden muss. Zugleich mit der Bahn des Mars wurde so auch die Bahn der Erde, ebenfalls eine Ellipse, bestimmt.

Die Rechenarbeit, die Kepler zu erledigen hatte, war enorm. Denn erst später wurden Logarithmen eingeführt, die derartige Rechnungen erleichterten.

Es ist nicht einfach zu bestimmen, wie viel *Physik* (vs. Harmonie-Überlegungen) in Keplers *Astronomia Nova* im Spiel ist. Zweifellos wird seine Astronomie von physikalischen Überlegungen geleitet. Das war vielen seiner Zeitgenossen, auch seinem Lehrer Mästlin, gegenüber nur schwer zu rechtfertigen, galt die Astronomie doch bis dahin als eine rein mathematische Kunst, die Physik jedoch, unter dem Namen der Naturphilosophie, als eine Disziplin der »höheren« Philosophie, die dem Astronomen eigentlich nicht zustand. Kepler blieb jedoch gar nicht viel anderes übrig, als über das Kerngeschäft der Astronomie hinauszugehen. Das ergab sich schon daraus, dass, wie bereits beschrieben, das Prinzip der Sphären, die die Planeten tragen, nach Brahes Einsicht über die Bewegung der Kometen nicht mehr zu halten war. Die Planeten bewegten sich also ohne erkennbaren Halt durch den Raum. Kepler war, als Kopernikaner, überzeugt, dass die Sonne mit ihrer zentralen Stellung für die Planetenbewegung verantwortlich ist, womöglich im Zusammenhang mit den Planeten selbst; so jedenfalls konzipierte er anfangs – noch vor-physikalisch – eine »*anima motrix*« der Sonne, auf die die *animae* der Planeten (eine nicht ungewöhnliche Vorstellung in Keplers Zeit) ausgerichtet sind. Später jedoch ersetzte Kepler die *anima motrix* durch eine »*vis motrix*«, eine bewegende Kraft, und spekulierte über deren Natur. (Dieser Wechsel der Sicht wurde kurz darauf unterstützt von der mittels Teleskop gemachten Entdeckung, dass die Planeten kein Eigenlicht haben, sondern nur Sonnenlicht reflektieren; vgl. dazu die Folgerungen für die Astrologie im vierten Kapitel.)

Eine faszinierende Idee, die Kepler aufgriff, stammte von Gilbert, der im Jahre 1600 sein epochemachendes Werk *De magnete* vorgelegt hatte, in dem er die Erde selbst als einen großen Magneten nachwies, der uns gestattet, mit kleinen beweglichen Magneten die

Richtung nach Norden anzuzeigen, wie wir es mit einem Kompass tun. Kepler spekulierte, dass auch die Sonne ein Magnet sein könne, dessen Kraft die Planeten, je nach Richtung, mal anziehe, mal abstoße. Außerdem schrieb Kepler der Sonne eine Rotation zu, die wenig später tatsächlich an der Bewegung von Sonnenflecken entdeckt wurde. (Die Rotation der Sonne hat etwa dieselbe Richtung wie die Umläufe der meisten Planteten und auch der meisten Rotationen. Das wird heute als ein Relikt aus der Zeit der Entstehung des Planetensystems gedeutet.)

Kepler unternahm auch quantitative Abschätzungen. Ihm war aufgrund seiner optischen Studien klar, dass das Licht bei seiner Ausbreitung im Raum quadratisch mit der Entfernung abnimmt, bei doppelter Entfernung also viermal so schwach ist. Wenn das Sonnenlicht die Dynamik des Planetensystems bestimmt, müsste so auch die Kraft der Sonne quadratisch mit der Entfernung abnehmen. Das konnte Kepler jedoch nicht mit seiner Beobachtung vereinbaren, dass die Geschwindigkeiten der Planeten nur linear mit der Entfernung abnehmen. Weil er – wie praktisch alle seine Zeitgenossen – in der traditionellen Vorstellung verhaftet war, dass die Geschwindigkeit einer Bewegung der sie verursachenden Kraft proportional sein muss, nahm er für die Kraft der Sonne an, dass auch sie nur linear mit der Entfernung abnimmt. Dabei kam ihm die Tatsache zuhilfe, dass die Planeten sich weitgehend in ein und derselben Ebene, der Ekliptik, bewegen und die Kraft der Sonne sich wohl nur in dieser Ebene ausbreite; ist das der Fall, muss sie in der Tat linear mit der Entfernung abnehmen. Keplers Vorstellungen über die *vis motrix* stimmten so, über zwei sich kompensierende Fehler, mit der akzeptierten aristotelischen Physik überein. (Ein solches kohärentes Zusammenpassen irriger Auffassungen passiert auch sonst in der Wissenschaftsgeschichte; das ist ein Phänomen, das Thomas Kuhns Sichtweise der Wissenschaftsgeschichte stützt.[107])

In dasselbe Jahr 1609, in dem Keplers *Astronomia Nova* erschien, fielen Galileis astronomische Beobachtungen mit dem Fernrohr, die ich schon im letzten Kapitel erwähnt habe. Galilei hatte von einem Fernrohr (das in den Niederlanden gebaut worden war) gehört, sich

107 Thomas Kuhn, *The Structure of Scientific Revolutions*, Chicago UP 1962, 2. Aufl. 1970.

selbst ein solches Gerät gefertigt und damit abenteuerliche Entdeckungen gemacht. Er beschrieb detailliert die Mondoberfläche, die dadurch als ähnlich der Erdoberfläche erschien. Diese Beobachtungen sprachen insofern für Kopernikus, als dadurch die Erde anderen Himmelskörpern vergleichbar wurde. Noch wichtiger für die kopernikanische Sicht war Galileis Entdeckung der Jupitertrabanten (oder ›Mediceischen Gestirne‹, wie Galilei sie nannte, um die Gunst der Medici zu erlangen); es ist also nicht nur die Erde, die einen begleitenden Mond hat. In Kopernikus' Darstellung hatte die Erde noch diese Sonderstellung unter den Planeten gehabt: Der Kreis des Mondes war in Kopernikus' berühmtem Bild der einzige Kreis *nicht* um das Zentrum des Systems. – Nicht viel später kamen noch weitere pro-kopernikanische Entdeckungen hinzu, besonders das Phänomen, dass die Venus, wie der Mond, Phasen hat, die sich nur dadurch erklären lassen, dass die Venus sich um die Sonne bewegt. Das, freilich, ist auch in Tychos Weltmodell erklärbar und war in der Tat Anlass für viele, Tycho zu folgen.[108] Schließlich trug auch die von Galilei mit angestoßene Beobachtung der Sonnenflecken dazu bei, den Glauben an die vollkommenen, ewig gleich bleibenden Himmelskörper zu erschüttern.[109]

Kepler hatte kein eigenes Exemplar von Galileis *Sidereus Nuncius*[110], in dem dieser zuerst über seine Teleskop-Beobachtungen berichtete, von Galilei erhalten, geschweige denn ein Fernrohr, worum er Galilei inständig gebeten hatte. Galilei bedachte mit solchen Gaben in erster Linie Persönlichkeiten, von denen er sich Protektion erhoffte, Kepler gehörte einfach nicht dazu. Es gelang Kepler aber immerhin, Einsicht in Galileis Schrift zu gewinnen. Er war ganz begeistert von Galileis Entdeckungen und schrieb eine enthusiastische Replik, die er sogleich veröffentlichte.[111] Galilei hat von diesem Votum des kaiserlichen Mathematikers beachtlich profitiert, musste er doch in Italien gegen heftigen Widerstand ankämpfen.

108 Vgl. de Padova, a. a.O., S. 242 ff.

109 Vgl. wieder de Padova, a. a.O., S. 268 ff.

110 Galileo Galilei, *Sidereus Nuncius*, Venedig 1610. Deutsche Übersetzung hrsg. von Hans Blumenberg, Frankfurt/M.: Insel 1965.

111 Johannes Kepler, *Dissertatio cum nuncio sidereo*, Prag 1610. Deutsche Übersetzung hrsg. von Werner Lehmann, Gräfelfing 1964.

Aber Galilei geht kaum auf Keplers Briefe an ihn ein (vgl. hier das Optik-Kapitel 5) und hüllt sich fast gänzlich in Schweigen. Schließlich, Ende August 1610, bekommt Kepler jedoch Gelegenheit, ein Galilei'sches Fernrohr, das dieser dem Kurfürsten von Köln überlassen hatte, für ein paar Nächte zu benutzen. Dabei kann Kepler die Existenz der Jupiter-Monde einwandfrei bestätigen.[112] So hatte Kepler auch einen eigenen experimentellen Beweis, dass es sich bei den »Mediceischen Gestirnen« nicht etwa um weitere Planeten handelt, wie er erst befürchtet hatte, weil das sein kosmologisches Modell auf der Basis der platonischen Körper schwer erschüttert hätte.

Galileis Beobachtungen der Venus führten Kepler auch dazu, von einem Teil seiner *Astrologie* Abstand zu nehmen, nämlich von solchen Überlegungen, die von einem Eigenlicht der Planeten ausgingen, vgl. hier das Astrologie-Kapitel 4.

Ein tragischer Aspekt der Wissenschaftsgeschichte des frühen 17. Jahrhunderts ist die Tatsache, dass Galilei mit keinem Wort auf Keplers *Astronomia Nova* einging, sei es, weil er dieses Werk gar nicht richtig studiert hat, sei es, weil Keplers elliptische Bahnen seiner Idee zirkulärer Trägheit zuwider liefen. Umgekehrt hat Kepler, einfach durch sein Ableben schon 1630, nicht mehr auf Galileis erst 1632 erschienenen *Dialogo* über die kopernikanische Lehre und erst recht nicht auf seine 1638 veröffentlichten *Discorsi* zur Mechanik eingehen können. Ein intensiverer Austausch zwischen den beiden Forschern hätte die Entwicklung der neuen Physik enorm beschleunigen können.[113]

112 Vgl. de Padova, a. a. O., S. 112.

113 Für eine beachtliche neuere Interpretation der Physik Galileis siehe Ursula Schmidt, *Wie wissenschaftliche Revolutionen zustande kommen. Von der vorkopernikanischen Astronomie zur Newtonschen Mechanik*, Würzburg: Königshausen und Neumann 2010.

7. Exkurs: einige Harmonietheorien vor Kepler

7.1 *Der Kontext der Musik in Keplers Werk*

Die Musik ist nur einer der Bereiche, die in Keplers umfassendem harmonischen System eine Rolle spielen. Daneben werden ähnlich intensiv Astrologie und Kosmologie behandelt. Die eigentliche Leistung Keplers besteht aber in der Zusammenführung der drei Bereiche auf der Grundlage einer mathematischen Harmonik. Diese mathematische Grundlage findet Kepler in der *Geometrie*, nicht, wie viele andere vor ihm, in der Arithmetik. Gott, der Schöpfer, wird von Kepler als Geometer verstanden. Es ist die Harmonie geometrischer Formen, aus der sich Harmonien der Musik, der Astrologie und der Kosmologie ergeben. Diese Gesamtschau ist der Kern der Kepler'schen Weltharmonik.

In mehrfacher Hinsicht stützt sich Kepler auf Ptolemäus, geht aber wesentlich über diesen hinaus. Insbesondere sind es Ptolemäus' Werke *Almagest*, über mathematische Astronomie, *Hypotheses*, über deren physikalische Realisierung, *Tetrabiblos*, über Astrologie, und *Harmonica*. Ein grundlegender Unterschied zwischen Kepler und Ptolemäus besteht darin, dass Kepler die von Ptolemäus in den genannten vier Werken separat behandelten Bereiche in einem kohärenten System vereint.

Hier beschäftige ich mich mit den harmonischen Teilen von Keplers System. Ich stütze mich dabei auf Keplers *Harmonice Mundi* und *Mysterium Cosmographicum*, ferner auf Fields Kommentare zu diesen Werken[114] und Stephensons *The Music of the Heavens*.[115] Dieses Buch behandelt auch Keplers Briefe zur Harmonik von 1599, zur Hauptsache aber das krönende V. und letzte Buch von Keplers

114 Field 1988.

115 Stephenson 1994.

Harmonice Mundi. Fields Buch ist stärker historisch, Stephensons eher rekonstruktiv.

Ich starte mit Keplers Diskussion *musikalischer* Harmonien, den sinnlichsten und zugänglichsten. Bevor Kepler sein eigenes System vorschlägt, diskutiert er seine Vorgänger. Vor allem anderen berichtet er über die harmonische Doktrin der *Pythagoräer*.

7.2 *Pythagoras und die Pythagoräer*

Man weiß nur Weniges sicher über Pythagoras und die Pythagoräer.[116] Pythagoras war aktiv im späten 6. Jh. v. u. Z. Er gründete eine Art religiöse Bruderschaft, die sich über einen beachtlichen Teil der mediterranen Welt ausbreitete. Seine Nachfolger bildeten eine sehr einflussreiche Schule, die bis etwa zur Mitte des 4. Jh. v. u. Z. Bestand hatte, also ungefähr bis zu Platons Tod (348 v. u. Z.). (Zu Platons Bezug auf die Pythagoräer vgl. weiter unten.) Etwa 100 Jahre vorher hatte sich die Pythagoräische Schule geteilt in die konservativen *akonsmatikoi* und die wissenschaftlich gesinnteren *Mathematiker*. Ich beschäftige mich hier mit letzteren. Beiden Zweigen gemeinsam, und wahrscheinlich auf Pythagoras selbst zurückgehend, war die Priorität, die sie *Zahlen* zudachten, genauer: den positiven ganzen Zahlen 1, 2, 3, 4, …, vor allem den ersten vier, vgl. unten. (1 wurde allerdings nicht strikt als Zahl angesehen.) Ich benutze hier ›Zahl‹ synonym mit ›positive ganze Zahl‹.

Der erste und Hauptgrund für die Obsession mit Zahlen war vermutlich, dass die Pythagoräer herausgefunden hatten, dass Zahlen eng mit *musikalischen Harmonien* zusammenhängen. Wenn z. B. eine schwingende Saite einer bestimmten Länge einen gewissen Ton hervorbringt, nennen wir ihn *C*, so bringt dieselbe Saite von der Hälfte dieser Länge (in derselben Spannung) einen um eine Oktave höheren Ton hervor, im Beispiel also *C*'.

Im Folgenden gebrauche ich häufig moderne Ausdrücke wie ›Oktave‹, ›Quinte‹ usw; natürlich soll das nicht heißen, dass die Pythagoräer und ihre frühen Anhänger tatsächlich meinten, dass z. B. *C*' der »achte« Ton über *C* ist.

116 Vgl. Guthrie 1967.

Was die Pythagoräer sehr beeindruckte – und uns auch heute noch erstaunen lässt, wenn wir unsere musikalische Tradition und unser physikalisches Wissen nicht als selbstverständlich nehmen –, ist die Tatsache, dass es anscheinend *in der Natur Zahlen* gibt und dass diese Zahlen etwas mit *Harmonie* zu tun haben oder generell mit *Schönheit*. Die Oktave als Zusammenklang zweier Töne hört sich sehr harmonisch oder *konsonant* an – tatsächlich so sehr, dass wir zwei Töne dieses Intervalls fast als identisch wahrnehmen. Zwei weitere Intervalle, die wir als konsonant empfinden: diejenigen, die wir *Quint* und *Quart* nennen, korrelieren ebenfalls mit kleinen Zahlen: die Quint erhält man, wenn man 2/3 der Länge *l* einer Saite abgreift, und die Quart, wenn man das mit 3/4 der Länge macht (Abb. 7.1).

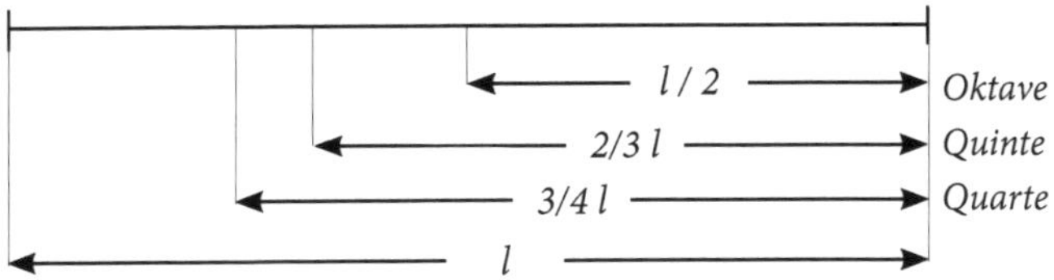

Abb. 7.1

Im Altertum wurden diese Intervalle als die *konsonantesten*, oder als die einzig konsonanten, angegeben. Sie werden repräsentiert durch die Proportionen

1:2, 2:3 und 3:4.

In einer weiteren Spekulation versuchten die Pythagoräer, in der gesamten physikalischen Welt (und ebenso in der sozialen) einfache Zahlenverhältnisse auszumachen. So kamen sie zu dem phantastischen allgemeinen Grundsatz

Alle Dinge sind Zahl.[117]

Ich werde mich hier jedoch lediglich an die musikalische Theorie halten.

117 Vgl. Aristoteles' Kommentar in *Metaphysik* I, Kap. 5 und auch 8.

Bisher waren nur die Zahlen 1, 2, 3, u. 4 involviert. Sie bilden bei den Pythagoräern die heilige *Tetractys*; ihre Summe 10 wurde graphisch durch ein Muster der Art

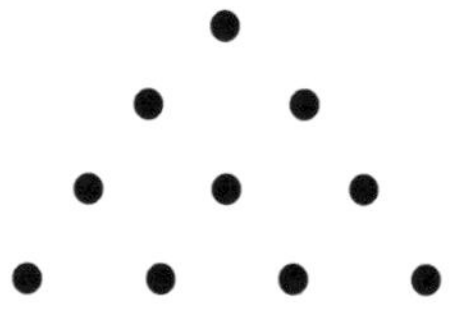

Abb. 7.2

repräsentiert. (Zahlen, die durch ein solches Dreieck dargestellt werden können, wurden selbst *triangulär* genannt).

Der harmonische Charakter von Oktav, Quint und Quart – und die Korrelation mit den Proportionen zwischen 1, 2, 3 und 4 – wurde recht allgemein akzeptiert. Eine Frage blieb allerdings offen: ob es *mehr* Konsonanzen als gerade diese drei gibt, d. h. ob das pythagoräische harmonische System vollständig ist. Es scheint allerdings, dass die Vollständigkeit dieses Systems (im Abendland) kaum wesentlich früher als 2000 Jahre nach seiner Etablierung in Frage gestellt wurde, nämlich im 16. Jahrhundert; ich komme darauf zurück.

7.3 *Platons Timaios*

Die beste Quelle für die Auffassung der Pythagoräer scheint Platons Dialog *Timaios* zu sein, der eine berühmte Erzählung von der Erschaffung der Welt enthält. Sehen wir uns an, wie Platon darin die Harmonien charakterisiert, um das Werk des Schöpfers zu erklären. Das ist für uns insofern besonders interessant, als Kepler bei diesem platonischen Dialog anknüpft, auch methodologisch.

Platon schätzte anscheinend die Pythagoräer sehr hoch ein. Sein Schöpfer, genauer: der Schöpfer, dessen Tätigkeit Platons Figur Timaios berichtet, ist mathematisch gesinnt im Stile der Pythagoräer. Dieser Schöpfer, der sich vornimmt, die schönste mögliche Welt zu schaffen, formt einen gewissen Stoff – auf dessen Natur ich hier nicht eingehe – gemäß kleinen natürlichen Zahlen und ihren Proportionen. Er startet mit den Zahlen 1, 2 und 3. (Anscheinend werden diese Zahlen als Quantitäten des Stoffes, aus dem er die Welt macht, angesehen.) Dann, aus Gründen, die in diesem Stadium noch nicht klar werden, bildet er die Potenzen von 2 und 3 bis zu 8 und 27. Er gelangt so zu den Zahlenreihen

1, 2, 4, 8 und 1, 3, 9, 27.

Dann teilt er die Intervalle oder Proportionen zwischen diesen Zahlen, hier exemplifiziert an 1:2, »so dass sich zwischen jedem Abstande zwei Mittelglieder befanden, deren eines um denselben *Teil* der äußeren das eine äußere übertraf, um welchen es von den andern übertroffen wurde, das andere dagegen um die gleiche *Zahl* das eine übertraf und dem anderen nachstand«.[118] In unserem Beispielintervall, so lese ich diese Passage, ist das eine Mittelglied 4/3, nämlich ein Drittel von 1 mehr als 1 und ein Drittel von 2 weniger als 2; es ist das sog. *harmonische Mittel.* Das andere Mittel ist 3/2, weil es ½ mehr ist als 1 und ½ weniger als 2; dieses ist das sog. *arithmetische Mittel*, das gebräuchlicher ist und daher oft schlicht »Mittel« genannt wird.

Wenn Sie mit kurzen algebraischen Formeln besser zurecht kommen als mit länglichen Wortdefinitionen, lesen Sie die folgenden Definitionen von Platons Mitteln: Seien a und b die sog. Extreme. Dann ist das *arithmetische Mittel* m so definiert, dass $m-a = b-m$ ist oder, äquivalent,

$$(1) \qquad m := (a+b) / 2$$

Dies kann als explizite Definition des arithmetischen Mittels dienen, wobei der Doppelpunkt vor dem Gleichheitszeichen andeutet, dass auf dieser Seite das Definiendum steht.

Das *harmonische Mittel* h von a und b hat Platon zufolge die Eigenschaft, dass $(h-a)/a = (b-h)/b$ ist oder, äquivalent, $h(a+b)=2ab$ oder auch $hm = ab$, d. h. das Produkt der beiden Mittel ist gleich dem Produkt der Extreme. Als explizite Definition kann

$$(2) \qquad h := 2ab / (a+b)$$

dienen oder alternativ mit (1)

$$(2') \qquad h := ab / m .$$

118 *Timaios* 36a, Übersetzung Schleiermacher/Müller.

Es gibt noch eine weitere Charakterisierung des harmonischen Mittels: der reziproke Wert des harmonischen Mittels ist das arithmetische Mittel der reziproken Extreme:

$$(2'') \quad 1 / h = (1/a + 1/b) / 2 .$$

[Wenn Sie auch schon von dem *geometrischen Mittel* g gehört haben und sich fragen, wie es mit den beiden Platonischen Mitteln zusammenhängt, gehen Sie von der Beschreibung aus, dass g dieselbe Proportion zu a hat wie b zu g, also $g/a = b/g$ oder $g^2 = ab$. Als explizite Definition kann also

$$(3) \quad g := \sqrt{ab}$$

gelten. Wenn Sie dies mit (2') vergleichen, erhalten Sie $g^2 = mh$ oder, explizit bezüglich g:

$$(3') \quad g := \sqrt{mh}.$$

Das geometrische Mittel von a und b ist also identisch mit dem geometrischen Mittel von harmonischem und arithmetischem Mittel. Hier eine kleine Graphik des früheren Beispiels $a = 1$, $b = 2$ (Abb. 7.3):

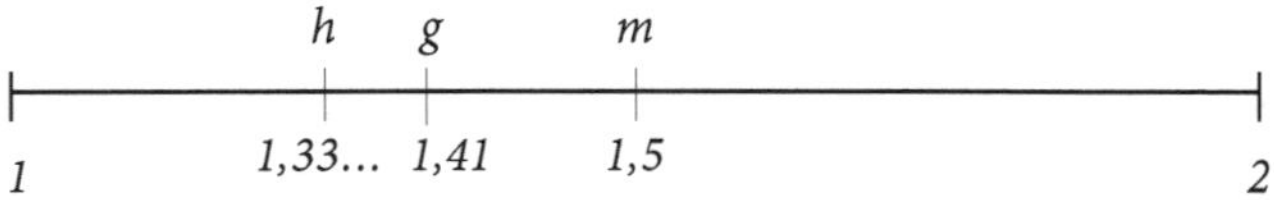

Abb. 7.3

Wenn Sie (3') an diesem Beispiel überprüfen wollen:

$$g = \sqrt{mh} = \sqrt{(3/2)(4/3)} = \sqrt{3 \cdot 4 / 2 \cdot 3} = \sqrt{2} = \sqrt{1 \cdot 2} = \sqrt{ab}, \textit{ wie def. in } (3)]$$

Nachdem der Schöpfer das harmonische und das arithmetische Mittel eingeführt hat, fährt er, Platons *Timaios* zufolge, in der folgenden Weise fort.

> »… da nun durch diese Verknüpfungen zwischen den ersten Abständen anderthalb-, vierdrittel- und neunachtelmalige Abstände

entstanden, füllte er mit dem neunachtelmaligen Abstand alle vierdritteligen aus, indem er von jedem desselben einen Teil zurückließ. Das Zahlenverhältnis des von diesen Abständen zurückgebliebenen Teiles verhielt sich wie zweihundertsechsundfünfzig zu zweihundertdreiundvierzig. Und so war also die Mischung, von der er diese Teile abgeschnitten hatte, bereits ganz verwendet.«[119]

Dieses Zitat bedarf sicherlich eines Kommentars.

(i) 9/8 ist die »Differenz« von 4/3 und 3/2, d.h. das Verhältnis (als Bruch geschrieben) der zwei Mittel: 3/2 : 4/3 = 9/8. Dieses Intervall von 9/8 wird dann als Einheit oder Baustein benutzt, um die Intervalle von 4/3 aufzufüllen. Wieviel 9/8-Intervalle passen in ein 4/3-Intervall? Um das herauszufinden, »subtrahiert« man erst ein 9/8 von 4/3, also 4/3 : 9/8 = 32/27. Dann versuchen wir, in diesen Rest 32/27 ein weiteres Intervall 9/8 einzufügen: 32/27 : 9/8 = 256/243; wir erhalten also das Zahlenverhältnis, das Platon für den »zurückgebliebenen« Teil angibt. Wir haben somit herausgefunden, dass zwei der Intervalle 9/8 in ein Intervall 4/3 hineinpassen.[120]

(ii) Ich möchte noch einen interessanten Punkt in Timaios' Geschichte kommentieren, der leicht übersehen wird, nämlich, dass er von Intervallen 4/3 im Plural spricht. Dies kann man auf verblüffende Weise auf die beiden zwischen 1 und 2 gelegenen Mittel 4/3 und 3/2 beziehen: Dort haben wir natürlich das Intervall der Länge 4/3 zwischen 1 und 4/3 (4/3 : 1 = 4/3), aber auch zwischen 3/2 und 2, da auch 2 : 3/2 = 4/3. In diesem Sinne ist die ganze Strecke von 1 bis 2 symmetrisch aufgeteilt in zwei Intervalle 4/3 und eines 9/8.

Wenn wir dieses Verhältnis *musikalisch* denken, haben wir die vertraute Tatsache, dass – in moderner Sprache – die beiden Mittel der Quart und der Quint entsprechen und dass zwischen der Quint und der Oktave ebenfalls eine Quart liegt.[121] Mit den Augen von Timaios' Schöpfer gesehen könnten wir die beobachtete Symmet-

119 *Timaios* 36a-b, Übersetzung Schleiermacher/Müller.

120 [Um zu sehen, dass das für *nur* zwei Intervalle 9/8 gelingt, können wir versuchen, noch ein Intervall 9/8 in den Rest 256/243 einzufügen: 256/243 : 9/8 = $2^8/3^5 : 3^2/2^3$ = 2048/2169 < 1; wir würden dadurch also aus dem Intervall 1 bis 2 herausfallen.]

121 [Mathematisch folgt dies unmittelbar aus der Gleichung (2'): $h/a = b/m$.]

rie dahingehend deuten, dass die Auffüllung des Gesamtintervalls durch die beiden Mittel *vollständig* ist.

(iii) Bei Timaios' Auffüllung des Intervalls 4/3 in kleine Intervalle 9/8 haben wir gesehen, dass nach Einfügen zweier Intervalle 9/8 ein sehr kleiner Rest bleibt, nämlich 256/243. Timaios gibt uns keinen Hinweis, jedenfalls an der angegebenen Stelle nicht, *wo* dieser Rest liegen soll. Theoretisch haben wir drei Optionen: ihn am Anfang des Intervalls 4/3, am Ende dieses Intervalls oder zwischen den beiden Intervallen 9/8 unterzubringen. Ich werde später auf diesen Punkt zurückkommen.

7.4 *Musikalische Interpretation*

Timaios spricht, an der zitierten Stelle, nicht explizit über Musik. Aber seine Rede von Intervallen wurde so verstanden, dass sie auch von Musik handelt. Es werden nämlich, wenn man mir diese suggestive Notation gestattet, perfekt die drei pythagoräischen Konsonanzen abgebildet, die in der Folge 1 : 2 : 3 : 4 ausgedrückt sind: in dieser Reihenfolge die Verhältnisse der Oktave, der Quint und der Quart.

Bevor ich weiter aushole mit der »Anwendung« von Timaios' Doktrin auf musikalische Intervalle, möchte ich ein lästiges terminologisches oder notationelles Problem ansprechen. Wie wir gesehen haben, spricht Timaios von dem »Intervall 4/3« (wie es in einigen Übersetzungen schlicht heißt), d. h. er benutzt Brüche >1. Das ist ganz angemessen, da er ja die beiden Mittel zwischen 1 und 2 bestimmt. Andererseits, wenn wir das Oktavintervall in kleinere Intervalle aufteilen wollen, liegt es nahe, es als 1/2 darzustellen (nämlich als Verhältnis 1 : 2) oder als das Intervall zwischen 1 und 1/2, z. B. zwischen einem Basiston (Prime) *C* und dem Ton *C'* eine Oktave höher, entsprechend den Saitenlängen *l* und *l*/2. Wenn wir hierfür, im Stile Timaios', das arithmetische und das harmonische Mittel einführen, müssen wir die *Kehrwerte* der bisherigen Werte nehmen, also 2/3 für die Quint und 3/4 für die Quart; wir haben es also mit *echten* Brüchen zu tun. Da es in der Harmonielehre nur auf *Proportionen* ankommt, ist diese Darstellung gleichwertig. Ich werde im Folgenden diese neue Schreibweise benutzen, die dem sinnfälligen

Beispiel der schwingenden Saite, die in der Mitte etc. geteilt wird, besser entspricht. Ich benutze also das Intervall zischen 1 und 1/2, das dem konkreten Beispiel einer in der Mitte geteilten Saite entspricht.

Judith Field und Bruce Stephenson, auf die ich mich beziehe, benutzen verschiedene numerische Repräsentationen, Field diejenige, die auch ich jetzt benutze, Stephenson die zuvor verwandte, dem Text des Timaios entsprechend. Mein Hauptgrund, das Intervall zischen 1 und 1/2 zu benutzen, ist, dass auch Kepler das getan hat. In diesem Sinne können wir von den echten Brüchen

1/2 , 2/3 und 3/4

ausgehen, auch als »1:2«, »2:3« und »3:4« geschrieben, als Repräsentanten der musikalischen Intervalle Oktav, Quint und Quart. Die »Differenz« zwischen der Quint und der Quart wird dann wiedergegeben durch (2/3)/(3/4) = 8/9. Wie wir bereits gesehen haben, ist die »Differenz« zwischen Oktav und Quint eine Quart:

(4) (1:2) : (2:3) = 3:4.

Kepler benutzt das Minus-Zeichen oder Zeichen der Subtraktion auch für die »Differenz« von Intervallen. Ich folge dieser Schreibweise, schließe für diesen Fall aber das Minuszeichen in Klammern ein; damit kann ich auch die Klammern um die einzelnen Brüche oder Verhältnisse weglassen und statt (4)

(4') 1:2 (-) 2:3 = 3:4

schreiben.[122] Als Symbol der »Addition« von Intervallen benutze ich entsprechend »(+)«, z. B. bei der Zusammenfügung von Quint und Quart zur Oktav: 2:3 (+) 3:4 = 6:12 = 1:2.

Musikalische Intervalle haben keine Richtung. *Kepler* aber hat die Gewohnheit, immer erst die kleinere ganze Zahl zu schreiben, mit dem Resultat, dass die Brüche immer echt bleiben, d. h. < 1. Aus demselben Grund zieht er bei der Differenzbildung zweier Intervalle immer das kleinere vom größeren Intervall ab, d. h. er »dividiert« den kleineren Bruch durch den größeren, vgl. oben (4').

122 [Die »Arithmetik« der Intervalle ausdrückenden Verhältnisse ist analog den Logarithmen: die »Differenz« (-) zweier Intervalle entspricht der Division der zugehörigen rationalen Zahlen, die inverse Operation der Multiplikation.]

Euklid und seine Schüler haben Verhältnisse *nicht* mit Brüchen identifiziert. Generell wäre das auch nicht zu wünschen, denn in der Mathematik wollen wir auch Verhältnisse von Inkommensurablen betrachten wie das der Längen von Seite und Diagonale des Quadrats. (Die Pythagoräer versuchten noch, Verhältnisse von Inkommensurablen zu vermeiden.)[123]

7.5 *Konsonanzen*

Kommen wir zum *Timaios*. Wenn wir uns mit den zwei Mitteln in einer Oktave begnügen, haben wir, neben der Oktave selbst, nur zwei Konsonanzen: die Quint und die Quart. Das scheint auch die musikalische Doktrin der Pythagoräer gewesen zu sein. Doch warum füllt der Schöpfer die Intervalle 3/4 mit kleinen Intervallen 8/9 an? Dass die Oktave, die Quint und die Quart die einzigen *fundamentalen* Konsonanzen sind, heißt nicht, dass nicht noch andere entdeckt werden können. Das bringt uns zurück zu der schon gestellten Frage: Was ist mit der Terz und der Sext, die in der modernen Musik ebenfalls als Konsonanzen gesehen werden? Deren Einführung würde uns wenigstens eine Art *pentatonische* Skala liefern. Wir hatten gesehen, dass in den Intervallen 3/4 die Intervalle 8/9 auf verschiedene Weise platziert werden können. *Field* betrachtet nur eine der drei Möglichkeiten als die »Pythagoräische Intonation« beschreibend, nämlich die Möglichkeit, dass die Terz durch 8/9 (+) 8/9 = 64/81 festgelegt wird. Das würde bedeuten, dass Terz und Quart nur durch das sehr kleine Intervall 243/256 getrennt sind. Für die Sext wählt sie 2/3 (+) 8/9 = 16/27. Damit hätten wir die Oktave in fünf Intervalle geteilt.

Eine wichtige Frage ist die, wie befriedigend es wäre, 64/81 als Terz und 16/27 als Sext zu akzeptieren. Diese Intervalle werden meist als dissonant angesehen, einfach aus dem »empirischen« Grund, dass sie nicht gut klingen. Diese Terz z. B. wäre allzu nah an der Quart.

123 [In moderner Sprechweise: Verhältnisse von Inkommensurablen lassen sich nicht als rationale, sondern nur als *irrationale*, also als *reelle* Zahlen interpretieren.]

Aber lassen Sie mich auch erwägen, bevor ich zu Kepler zurückkehre, ob die für die Terz und Sext gewählten Verhältnisse *theoretisch* überzeugen. Die drei pythagoräischen Konsonanzen können alle durch die Zahlen 1, 2, 3 und 4 ausgedrückt werden, während das für die wie oben bestimmte Terz und Sext nicht gelingt. Aber immerhin sind alle benutzten Zahlen Potenzen von 2 und 3. (Das gilt sogar auch noch für die vorgestellten Konstruktionen der Sekunde und der Septime.)

Andererseits, wenn Timaios' Schöpfer *explizit* alle Zahlen offerieren wollte, die er für die Harmonien benötigt, warum entwickelt er dann die Reihen von Potenzen von 2 und 3 nur bis zu den dritten Potenzen, also bis zu 8 und 27? Er benötigt doch (nach Fields Ansatz) auch die vierte Potenz von 2, nämlich 16, für die Sext und sogar die sechste Potenz von 2, nämlich 64, und die vierte Potenz von 3, nämlich 81, für die Terz. Anscheinend liegen die Gründe dafür, dass er die Potenzen von 2 und 3 nur bis zur dritten Potenz ausführt, an anderer Stelle. Mag sein, dass er genau diese Potenzen für die planetaren Sphären und ihre Bewegungen verwenden will, denn wenig später benutzt er gerade die mit diesen Zahlen konstruierten Intervalle für die Zirkulation der sieben Planeten (oder vielmehr ihrer Sphären) in »angemessener Proportion«.

Immerhin ist der negative Teil klar: Timaios' Schöpfer wollte anscheinend keine anderen Zahlen als Potenzen von 2 und 3 benutzen. Da es sich jedoch ergeben hat, dass wir damit keine konsonante Terz und Sext konstruieren können, *müssen wir über diesen schmalen numerischen Rahmen hinausgehen.* Und das ist genau das, was Kepler tut.

7.6 *Von der pythagoräischen zur »gerechten« Intonation*

Wie wir gesehen haben, weist Kepler aus empirischen Gründen die »pythagoräische« Intonation zurück, wie es andere kurz vor ihm getan haben. So hat Gioseffo Zarlino in seinen *Instituti Harmonicke*, Venedig 1558, eine »gerechte« Intonation kodifiziert, die, in Ergänzung zur Oktav, Quint und Quart, Terzen und Sexten als Konsonanzen konzipiert. Er repräsentiert diese durch die Verhältnisse 4:5 und 5:6 für die große und kleine Terz und 3:5 und 5:8 für die große und kleine Sext.[124] Kepler akzeptiert dieses System als empirisch überzeugend und nennt es *Ptolemäisches System*, da dieses mit Zarlinos System substantiell identisch sei.[125]

Konsonante Terzen und Sexten waren notwendig für die polyphone Musik wie die von Orlando die Lasso (1531–1594). Der Vater des Physikers Galileo Galilei, Vincenzo Galilei, verteidigte jedoch in seinem *Dialogo della musica antica et della moderna*, Florenz 1581, das alte System.[126] Kepler bezieht sich auf dieses Werk in seiner *Hamonice Mundi*.[127]

Treten wir für den Moment von der Geschichte zurück und fragen: Mag es einen »theoretischen« Grund geben für Zarlinos System, neben dem empirischen Grund, dass gerade diese sieben Konsonanzen gut klingen? Wir sollten dieses System auf seinen kulturellen Kontext relativieren und versuchen, eine Begründung »a priori« dafür zu finden, bevor wir auf Keplers spezifische Erklärung eingehen. Wir versprechen uns dadurch eine bessere Chance, Keplers theoretischen Ansatz zu würdigen.

Wie wir gesehen haben, hatte das alte pythagoräische System von Quart und Quint innerhalb der Oktave eine schöne Symmetrie. Kann man das System so erweitern, dass diese Schönheit erhalten bleibt? Wir haben bereits außer den drei Konsonanzen das Intervall 8/9 zur Hand; aber das ist, wie bemerkt, nicht gut als Baustein zu gebrauchen, weil es in einer Quart nicht ohne Rest aufgeht. Könnten wir nicht stattdessen die Quart symmetrisch in zwei oder drei gleich große Intervalle teilen? Unglücklicherweise würde uns das zu irrationalen Proportionen führen, oder – wie die alten Griechen sagen würden – zu überhaupt keinen Proportionen. Der Grund dafür ist schlicht, dass 3/4 weder Quadrat noch Kube einer rationalen Zahl ist. Und was wäre mit der »Hälfte« von 8/9 zur Ausfüllung von 3/4? Auch die wäre irrational.

So müssen wir wohl der Tatsache ins Auge sehen, dass wir mehr als eine Sorte Baustein benötigen, um 3/4 zu strukturieren. Wenn wir weiterhin mit so wenig kleinen Zahlen wie möglich auskommen

124 Nach Field, p. 117, verbessert.

125 Field, p. 117.

126 Field, ibid.

127 Field, p. 126.

wollen, lassen Sie uns gerade *einen* Schritt über die Reihe 1:2:3:4 hinausgehen, indem wir die 5 dazunehmen und so zu 1:2:3:4:5 kommen. Für Kepler, wie wir sehen werden, wäre das als Begründung zu *ad hoc*. Für die Pythagoräer aber wäre bereits diese Erweiterung entschieden zuviel, da 5 die heilige Tetractys sprengt. Wie wir sehen werden, ist die Erweiterung auch für Kepler ein enormer Schritt.

8. Das Hauptwerk: *Harmonice Mundi* (1619)

Ich gehe zunächst auf Vorstellungen ein, die vor Kepler über die Harmonie der Welt gepflegt wurden (8.0).[128] Sodann, in 8.1, diskutiere ich Keplers geometrische Grundlegung von Harmonien in seinen Büchern I und II, deren zentraler Begriff der »Kongruenz« in 8.2 für zwei- und dreidimensionale Objekte aufgefächert wird, was bei der Musik (Keplers Buch III, hier 8.3) bzw. Astrologie (Keplers Buch IV, hier 8.4) zum Tragen kommt. Die kosmologischen Harmonien etabliert Kepler im V. Buch, dem wir ab 8.5 nachgehen; für die feinere Gliederung vgl. das Ende von 8.5.

8.0 Schon bei den *Pythagoräern*, so berichtet uns Aristoteles, gab es die Vorstellung einer Weltharmonik: Die die Planeten tragenden Sphären machten durch Reibung Geräusche, die allerdings unhörbar seien, weil wir von Geburt an daran gewöhnt seien. Aristoteles dagegen, ganz »aufklärerisch«: Sie seien in der Tat unhörbar, aber nur, weil sie nicht existierten.

Wie wir schon im vorigen Kapitel gesehen haben, nimmt Platon im *Timaios* die mathematische Begründung der Harmonien bei den Pythagoräern auf und differenziert sie. Ebenfalls im *Timaios*[129], in Abschnitten, auf die ich bisher nicht eingegangen bin, beschreibt Platon den kosmologischen Prozess so: Ein in den harmonischen Proportionen geteilter Streifen wird längs geteilt, und die entstehenden beiden Streifen werden kreuzweise übereinander gelegt und deren freie Enden zu kreisförmigen Bändern verbunden. Diese drehen sich gegensinnig, und zwar das äußere, dem Himmelsäquator entsprechend, »rechts herum«, d. h. westwärts. Das innere Band entspricht der Ekliptik und ist in kreisförmige Bänder unterteilt, die sich verschieden schnell drehen, nach den aus 2 und 3 gebilde-

128 Vgl. Bruce Stephenson 1994, ch. 2, und für einen Überblick mein Kap. 7.

129 *Timaios* 35a – 38d.

ten Proportionen. Die einzelnen Bänder entsprechen den Planeten, wobei die der Sonne, der Venus und dem Merkur entsprechenden Bänder sich gleich schnell drehen, die dem Mond, dem Mars, dem Jupiter und dem Saturn entsprechenden Bänder unterschiedlich schnell.

Historisch ist anzumerken: Es wurde angenommen, dass weiter innen positionierte Planeten schneller umlaufen als weiter außen befindliche. Allerdings haben Merkur und Venus im geozentrischen Weltbild im Schnitt dieselbe Umlaufzeit wie die Sonne, sind also durch gleichschnelle Bänder repräsentiert. Entsprechend konnte nicht zweifelsfrei entschieden werden, welcher dieser beiden Planeten dem Zentrum näher ist. Diese Frage findet erst bei Kopernikus eine befriedigende Lösung: Merkur ist der Sonne am nächsten.

Durch die Zuschreibung harmonischer Zahlen (Platons 2er- und 3er-Potenzen) werden den Planetenpaaren Intervalle gemäß der Abb. 8.1 zugeschrieben.

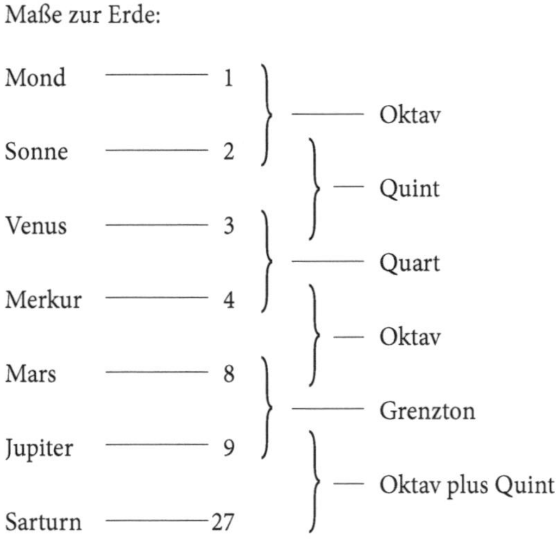

Abb. 8.1

In der hellenistischen Zeit verschiebt sich die Begründung der Harmonien. Hatten die Pythagoräer die Harmonien noch auf Zahlen reduziert, so sieht Aristoxenos im 4. Jahrhundert v. u. Z. Töne oder

Noten als das Primäre an. Plinius im 1. Jahrhundert u. Z. gibt als den Pythagoräern zugeschriebene Tonfolge der Planeten die Werte der Abb. 8.2 an:

Planeten:		entsprechend:
Erde		c
	Ganzton	
Mond		d
	Halbton	
Merkur		es
	Halbton	
Venus		e
	1½ Töne	
Sonne		g
	Ganzton	
Mars		a
	Halbton	
Jupiter		b
	Halbton	
Saturn		h
	1½ Töne	
Zodiac		d

Abb 8.2

Ein Irrtum wird von Censorius (238) korrigiert: Der Zodiac ist nur einen halben Ton über Saturn gelegen.

Soweit zur Zuordnung von Intervallen zu den Planetenabständen, nun zur Zuordnung einer *Skala* von Tonwerten. Eine solche Zuordnung ist in der Tradition weniger ausgeprägt. Dabei wird die Sonne zunächst, wie im *Timaios*, gleich über dem Mond angeordnet, später, ab Nicomachus (2. Jahrhundert) »in der Mitte«. Boethius (ca. 480–524) wurde besonders wichtig für die Musiktheorie des Mittelalters. Seine Einteilung der Musik in *musica mundana, humana* und *instrumentalis* hielt sich bis ins 16. Jahrhundert. Die musica mundana wurde allerdings in der Renaissance, schon ab dem 15. Jahrhundert, auch kritisch gesehen. Eine bedeutende Entwicklung der Musiktheorie finden wir bei Gioseffo Zarlino (1517–

1590), besonders in seinen »Le istitutioni harmonice« (1558, in ital. Sprache). Zarlino behandelt alle drei der von Boethius genannten Sparten der Musik. Anders als viele Vorgänger bezieht er Terzen und Sexten mit ein und geht bei deren mathematischer Charakterisierung über die Zahlen 1 bis 4 hinaus, wie wir im vorigen Kapitel gesehen haben. Zarlino steht für die »moderne Musik«, auf die Kepler sich bezieht. Auch Vincenzo Galilei (gest. 1591), der Vater Galileos, war ein geachteter Musiktheoretiker des ausgehenden 16. Jahrhunderts. In seinem »Dialogo della musica antica e della moderna« (1581) verteidigt er die alte Musik gegen Zarlino. Und er löst die »eigentliche Musik« aus Boethius' umfassenderem Konzept von Musik.

8.1 Wir sind damit in Keplers Zeit angelangt. Schon gegen Ende des 16. Jahrhunderts trug er sich mit dem Gedanken, eine Weltharmonik zu schreiben. Was er dann schließlich 1619 vorlegt, stimmt in Grundgedanken noch mit seinen früheren Plänen überein, geht aber weit über diese hinaus. Die ersten beiden der fünf Bücher der *Harmonice Mundi* (im folgenden *HM*) enthalten die mathematischen Grundlagen seiner Harmonietheorie, die drei weiteren deren Anwendung auf Musik (im üblichen »irdischen« Sinn), auf Astrologie und auf Kosmologie. Ich beginne mit den mathematischen Grundlagen.

Eine für Kepler sehr zentrale Besonderheit seiner Harmonietheorie ist deren *geometrische* Grundlegung. Zwar drückten sich Harmonien mathematisch in Zahlenverhältnissen aus, aber es sind letzten Endes bestimmte Eigenschaften geometrischer Figuren, die die Harmonik begründen. Kepler war also keineswegs ein Zahlenmystiker, wie ihm oft unterstellt wird. Die Priorität liegt eindeutig bei der Geometrie, und Kepler weiß das auch theologisch zu begründen.

In Zahlen ausgedrückte Harmonien werden gerne auf einer Zahlengeraden dargestellt, also linear veranschaulicht. Kepler benutzt stattdessen einen Kreis und betrachtet die Verhältnisse, in denen der Umfang des Kreises durch gewisse Punkte geteilt wird, z. B. durch ein dem Kreis einbeschriebenes gleichseitiges Dreieck (Abb. 8.3).

Eine Dreiecksseite markiert ein Drittel des Umfangs und insofern das Verhältnis 1:3 oder auch 2:3. Von der Mitte aus gesehen erscheint eine Dreieckseite unter dem Winkel 120°. Wenn wir zwei

Gestirne unter diesem Winkel sehen, sagen wir auch, sie stehen im *Trigon*, und meinen damit, dass diese Stellung eben das ausdrückt, was wir uns vorgestellt haben: Die beiden Gestirne bilden die Seite eines gleichseitigen Dreiecks in einem »Himmelskreis«. Die Astrologen verbinden mit einer solchen Stellung eine gewisse Wirksamkeit.

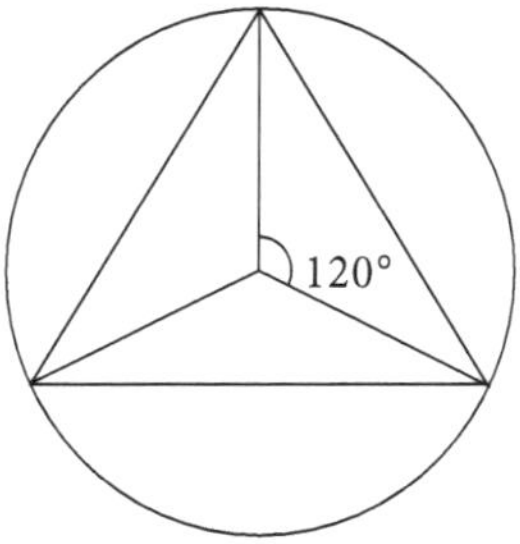

Abb. 8.3

Die Methode, regelmäßige Polygone in einen Kreis einzuschreiben, hilft allerdings noch nicht viel weiter, da wir sie im Prinzip immer weiter treiben können: Wir können auch Quadrate, regelmäßige Fünfecke, Sechsecke usw. einbeschreiben und erhalten so beliebig viele Zahlenverhältnisse auf dem Kreisumfang. Was wir benötigen, ist ein plausibles Kriterium für die Auswahl *endlich* vieler Polygone. Kepler verwendet als Richtschnur zunächst die *Konstruierbarkeit* der Polygone (»mit Zirkel und Lineal«). Habe ich nur den Kreis mit seinem Mittelpunkt, so kann ich von einem Punkt der Peripherie einen Kreis mit dem Radius des Ausgangskreises zeichnen, der die Peripherie in zwei weiteren Punkten trifft. Von den beiden neuen Punkten aus führt dieselbe Konstruktion zu noch zwei weiteren, also insgesamt fünf Punkten. Nehme ich noch den Punkt direkt gegenüber dem Ausgangspunkt dazu, so habe ich auf dem Umfang sechs äquidistante Punkte, also ein regelmäßiges Sechseck. Ein reguläres Dreieck erhalte ich dann, wenn ich jeden zweiten Eckpunkt auslasse und die anderen verbinde. Wir haben so mit einfachen Mitteln die Konstruierbarkeit des regulären Dreiecks gezeigt, und zwar über die des regulären Sechsecks. Kepler sagt auch, das Sechseck sei direkter konstruierbar als das Dreieck.

Das reguläre Dreieck – ich spreche im Folgenden nur von regulären Polygonen und lasse das Adjektiv einfach weg – ist also konstruierbar, oder »wissbar«, wie Caspar »scibilis« übersetzt.[130] Ebenso ist das Viereck (Quadrat) konstruierbar (einfach über seine Diagonale). Die Eigenschaft, konstruierbar zu sein, ist für Kepler zentral. Da zu einem konstruierbaren n-Eck auch das $2n$-Eck, das $4n$-Eck usw. konstruierbar sind, zeichnet die Konstruierbarkeit noch nicht endlich viele Polygone aus. Aber gibt es jedenfalls nur endlich viele konstruierbare Primzahl-Ecke? Kepler glaubte das. Auch das Fünfeck ist konstruierbar; die Konstruktion ist aufwendiger, wurde aber schon von Euklid gefunden. Primzahl-Ecke mit höherer Eckenzahl schienen nicht konstruierbar zu sein. So galt z. B. das Siebeneck als nicht konstruierbar. Zwar gelang es Kepler nicht, dessen Nichtkonstruierbarkeit zu zeigen, aber sie folgt aus einem allgemeinen mathematischen Theorem, das Gauß gegen Ende des 18. Jahrhunderts bewies.[131] Das Siebeneck erweist sich nach Gauß also als nicht konstruierbar, wohl aber das 17-Eck. Das wusste Kepler nicht, hätte ihn aber sehr interessieren müssen, denn er betrachtet durchaus Polygone mit so hoher Eckenzahl. Kepler meinte also, das Pentagon wäre das konstruierbare Primzahlen-Polygon mit der höchsten Eckenzahl.

8.2 Im II. Buch der *HM* entwickelt Kepler ein weiteres Kriterium zur Beurteilung von Polygonen, nämlich: wann Polygone »kongruent« sind. Damit meint er, dass sie sich nahtlos aneinanderfügen und so die Ebene ausfüllen (sog. *Tesselationen*) oder aber, bei räumlichem Aneinanderfügen, die Oberfläche eines Polyeders bilden. Besonders ausgezeichnet sind jene Polygone, die das mit ihresgleichen zu leisten vermögen. So sind z. B. Dreiecke für Tesselationen geeignet: Lasse ich sechs von ihnen in einem Punkt zusammen treten (Abb. 8.4), so bilden sie ein Sechseck, und solche Sechsecke pflastern die Ebene.

Nehme ich fünf, vier oder drei Dreiecke, so formen sie einen Teil der Oberfläche eines Ikosaeders, eines Oktaeders bzw. eines Tetraeders. Das Dreieck ist also höchst »kongruent«. Auch das Viereck (Quadrat) ist kongruent: Vier davon ergänzen sich zu einem

130 *HM* dt. S. 20.

131 [Dem Theorem von Gauß zufolge ist auch das 257-Eck konstruierbar, und das nächste konstruierbare Primzahleck hat schon 65537 Ecken.]

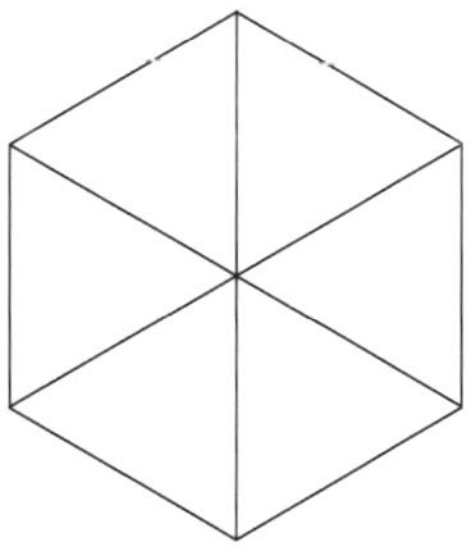

Abb. 8.4

Stück der Ebene und drei bilden die Ecke eines Würfels. Mit Fünfecken kann ich keine Ebene pflastern, wenn ich aber drei davon zusammenfüge, entsteht die Ecke eines Dodekaeders. Damit sind alle Möglichkeiten, mit jeweils *einer* Sorte von Polygonen auszukommen, erschöpft, wie man leicht einsieht. Zugleich ist damit implizit die Idee des Beweises angedeutet, dass es nicht mehr als die fünf regulären Polyeder gibt.[132]

Auffällig ist, dass Kepler die ebenen Tesselationen und das räumliche Zusammensetzen von Polygonen zu Polyedern unter dem einen Begriff der *Kongruenz* zusammenfasst. Wir sind wohl eher geneigt, Polyeder als *Körper* aufzufassen und, wenn wir einen aus kleineren Stücken zusammensetzen wollen, eher an räumliche Teile, an »Bauklötze« zu denken. Das kommt bei Kepler zwar auch vor, aber bei der Konstruktion der Polyeder geht er von der Oberfläche aus.[133]

Warum legt Kepler Wert auf die Analyse *zweier* Eigenschaften von Polygonen, Konstruierbarkeit und Kongruenz? Der Grund ist der, dass er im Laufe der Zeit hat einsehen müssen, dass die Harmonien in den drei Bereichen Musik, Astrologie und Kosmologie sich nicht unter ein und demselben geometrischen Begriff behandeln lassen. Vgl. dazu die Ausführungen zu den Büchern III–V. Das System der *HM* verzweigt sich also in den Anwendungsfeldern.

132 Vgl. Buch XIII der *Elemente* des Euklid.

133 Kepler betrachtet auch »Kongruenzen« von Vielecken *verschiedener* Art miteinander. Auf diese Weise zeigt sich z. B. auch das Fünfeck als in der Ebene »kongruent«.

8.3 Bei der Anwendung auf die *Musik* (*Buch III* der *HM*) gelingt es Kepler, das harmonische System Zarlinos, das er sich zu eigen macht (vgl. Kap. 7), mithilfe seines Begriffs der Konstruierbarkeit zu begründen. Damit ist ihm eine *geometrische* Fundierung gelungen, während sonst anscheinend nur numerologische Grundlagen vorgeschlagen wurden. Ich will auf diesen musiktheoretischen Teil hier nicht weiter eingehen, aber hier schon einmal den entscheidenden Schritt ankündigen: Das System der musikalischen Harmonien wird sich als deckungsgleich mit dem System der kosmologischen Harmonien erweisen.

8.4 Das *Buch IV* der *HM* begründet die *Astrologie*. Ursprünglich hatte Kepler damit gerechnet, dass die Astrologie dieselben Harmonien aufweist wie die Musik und die Kosmologie. Dann hat er aber erfahren müssen, dass das System der astrologisch wirksamen *Aspekte*, d. h. der Winkel, den die Sehstrahlen zweier Planeten von der Erde aus miteinander bilden, anderen Gesetzen gehorcht als denen, die der Musik und der Kosmologie zugrunde liegen. Lange Zeit hindurch war er davon ausgegangen, dass er mit einer einheitlichen Harmonik auskommt.[134] Seine über Jahrzehnte durchgeführten Wetterbeobachtungen zeigten ihm jedoch, dass die wirksamen Aspekte sich in anderen Zahlen ausdrücken als die Harmonien der Musik und der Kosmologie. Das hat ihn veranlasst, den unabhängigen Weg geometrischer Grundlegung einzuschlagen, den er in Buch II der *HM* vorträgt und der jetzt bei der Astrologie zum Tragen kommt.

Abb. 8.5 aus *HM*[135] zeigt sehr schön, wie kongruente Vielecke mit den wirksamen Aspekten, dargestellt jeweils durch kleine Sternchen, zusammenhängen.

8.5 Das *V. Buch* der *HM* trägt den Titel »*Die vollkommenste Harmonie in den himmlischen Bewegungen und die daher rührende Entstehung der Exzentrizitäten, Bahnhalbmesser und Umlaufszeiten*«.[136] Kepler

134 Außerdem gibt es für den späteren Kepler den fundamentalen Unterschied, dass die kosmologischen Harmonien von der *Sonne* aus »gesehen« werden, nicht wie die der Astrologie von der Erde aus; vgl. dazu später.

135 *HM* dt. S. 233, obere Hälfte von Keplers Abbildung.

136 *HM*, dt. S. 277, engl. p. 387.

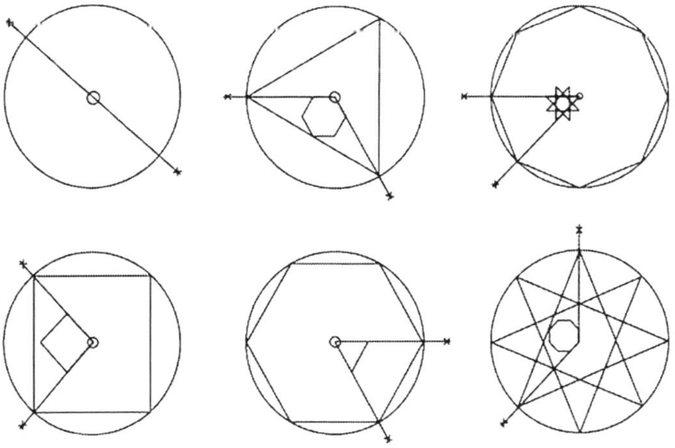

Abb. 8.5

will also zeigen, wie die wichtigsten Bestimmungstücke seiner Astronomie in der umfassenden Harmonie der Welt gründen. Das Buch beginnt mit einer Vorrede, die ich hier stark gekürzt wiedergebe:

»Was ich vor 25 Jahren vorausgeahnt habe, ehe ich noch die fünf regulären Körper zwischen den Himmelsbahnen entdeckt hatte [...], was mich veranlaßt hat, den besten Teil meines Lebens astronomischen Studien zu widmen [...], das habe ich mit Gottes Hilfe [...] nach Erledigung meiner astronomischen Aufgabe [...] endlich ans Licht gebracht. In einem höheren Maße als ich je hoffen konnte, habe ich als durchaus wahr und richtig erkannt, daß sich die ganze Welt der Harmonik [...] bei den himmlischen Bewegungen findet, zwar nicht in der Art, wie ich mir vorgestellt hatte [...], sondern in einer ganz anderen, zugleich höchst ausgezeichneten und vollkommenen Weise. [...] Jetzt, nachdem [...] vor ganz wenigen Tagen [...] die volle Sonne einer höchst wunderbaren Schau aufgegangen ist, hält mich nichts zurück. Jawohl, ich überlasse mich heiliger Raserei. [...] Verzeiht ihr mir, so freue ich mich. Zürnt ihr mir, so ertrage ich es. Wohlan ich werfe den Würfel und schreibe ein Buch für die Gegenwart oder die Nachwelt. Mir ist es gleich. Es mag hundert Jahre seines Lesers harren, hat doch auch Gott sechstausend Jahre auf den Beschauer gewartet.«[137]

137 *HM* dt. S. 279/280, engl. p. 389–391.

Dieser Beschauer ist er natürlich selbst. Das, was ihn »vor ganz wenigen Tagen« zu »heiliger Raserei« getrieben hat, ist offenbar die Entdeckung des Gesetzes über den Zusammenhang der Umlaufzeiten T der Planeten mit ihren mittleren Abständen r von der Sonne, also das später so genannte *3. Keplersche Gesetz*: $T^2 \sim r^3$. Nach einem Zusammenhang der Umlaufzeiten und Abstände hatte Kepler viele Jahre gesucht, ohne einen finden zu können. Schon im *Mysterium Cosmographicum* (vgl. hier Kap. 3) setzte er sich die Aufgabe, eine solche Verbindung zu finden. – Wir werden sehen, dass Kepler bei seinen Berechnungen in *HM* V wieder und wieder auf dieses Gesetz zurückgreift. Das wäre kaum zu glauben, wenn er es tatsächlich erst wenige Tage zuvor gefunden hätte. Er datiert die Entdeckung auf den 8. März bzw. 15. Mai 1618, also knapp vor der Vollendung seines Werkes am 17./27. Mai 1618, wie er am Ende des V. Buches angibt. Dort vermerkt er aber auch, dass er das V. Buch während des Druckes »bis zum 9./19. Februar 1619 noch einmal überprüft« habe.[138] Und erst bei dieser Überprüfung kann er die sehr direkte Relevanz des 3. Gesetzes für die Harmonien ausgemacht haben, die er in der schon vorab gedruckten Vorrede[139] erwartet und so überschwänglich gepriesen hat.

Das *V. Buch* der *HM* entfaltet also die Harmonien des Kosmos in allen Einzelheiten und erweist diese als deckungsgleich mit den musikalischen Harmonien. Dies ist die große und schwierige Leistung dieses abschließenden Buches. Der entscheidende Schritt erfolgt erst in dem sehr differenzierten 9. Kapitel mit der Überschrift »Daß die Exzentrizitäten bei den einzelnen Planeten ihren Ursprung in der Vorsorge für die Harmonien zwischen ihren Bewegungen haben«.[140] Schon in diesem Titel kommt zum Ausdruck, dass die von Kepler herausgearbeiteten Exzentrizitäten der einzelnen Planetenellipsen, und damit die Abweichungen von Kreisbahnen, der eigentliche Schlüssel für die Harmonien sind. Außerdem deutet die Überschrift an, dass nicht irgendwelche *räumlichen* Abmessungen, sondern die *Geschwindigkeiten* der Planeten die Harmonien bilden,

138 *HM* dt. S. 356, engl. p. 498. – Die doppelten Daten sind der Kalenderreform von 1582 geschuldet, die nicht überall akzeptiert wurde.

139 Vgl. Stephenson 1994, p. 129.

140 Deutsche Übersetzung von Max Caspar; so auch im Folgenden, wenn nicht anders vermerkt.

und zwar die Winkel-, nicht die Bahngeschwindigkeiten. Dabei ist zu beachten, dass, wie Kepler bereits in der *Astronomia Nova* dargetan hat, sich jeder Planet mit variabler Geschwindigkeit bewegt, nämlich schneller in Sonnennähe und langsamer in Sonnenferne.

Das 9. Kapitel ist das weitaus längste; schon an Keplers Stil wird deutlich, dass er hier ungeheure Mühe gehabt hat. Das hängt offenbar zusammen mit seiner Entdeckung des *3. Gesetzes.* Es stellte sich heraus, dass das 3. Gesetz eine erhebliche Überarbeitung der letzten Kapitel erforderte und zu langen und äußerst mühsamen Überlegungen führte.

Doch zunächst einige Bemerkungen zu den Vorbereitungsschritten der ersten acht Kapitel, ohne die die Anstrengungen des 9. Kapitels nicht recht zu würdigen sind. Dies geschieht

in 8.6 für die Kapitel 1–3,
in 8.7 für Kapitel 4, in dem bestimmt wird, *welche* Größen harmonieren,
in 8.8 für die z. T. kurzen Kapitel 5–8 und
in 8.9 für das sehr lange Kapitel 9.

8.6 Zu beachten ist, dass Kepler bereits auf der Titelseite des Buches V angibt, dass seine Überlegungen sowohl für das Kopernikanische Weltbild als auch für das des Tycho Brahe gelten. (Rein kinematisch sind die beiden Systeme sowieso gleichwertig.) Dass Kepler seine Gedanken in dieser Parallelität vorträgt, hat seinen Grund vielleicht in der Besorgnis, dass angesichts der inzwischen erfolgten römischen Zensur der »Revolutionen« des Kopernikus die Verbreitung seines eigenen Werkes in Südeuropa sonst Schwierigkeiten hätte.[141]

Im *Kapitel 1* werden nochmal die fünf Platonischen Polyeder vorgestellt, die, so Kepler, »von den Platonikern kosmische Körper genannt worden sind«.[142] Kepler stellt sie in der Reihenfolge vor, in der sie nach seinem Modell zwischen den Planetensphären zu liegen kommen, nämlich von außen nach innen: Würfel, Tetraeder, Dodekaeder, Ikosaeder und Oktaeder.[143] Dabei kommentiert er die Größen-

141 Vgl. dazu Caspar in einer Bemerkung zu S. 286 (engl. p. 403).

142 dt. S. 281, engl. p. 395.

143 Die ersten drei nennt Kepler die primären Polyeder, weil in ihren Ecken nur jeweils drei Kanten zusammenstoßen.

verhältnisse der Polyeder geometrisch, in Zahlenverhältnissen sowie durch Zuordnung von Geschlechtern (wobei sich das Tetraeder als »Zwitter« erweist); diese Deutungen übergehe ich hier. Ebenso überspringe ich seine Bemerkungen im 2. *Kapitel* über die »harmonischen Proportionen«, die sich an den regulären Polyedern abesen lassen.[144]

Kapitel 3 ist, als ein didaktisches Manöver für seine heterogene Leserschaft, eine Art Repetitorium der kopernikanischen Astronomie. Zu Beginn unternimmt Kepler den Versuch, die Leser, die Kopernikus ablehnen, bei der Stange zu halten, indem er die kinematische Äquivalenz mit Tychos System darlegt, so dass alle, die an der kopernikanischen Lehre »Anstoß nehmen, wissen, dass die folgenden harmonischen Spekulationen auch für die Hypothesen von Tycho Brahe Geltung haben. Denn dieser Meister hat alles, was die Anordnung der Himmelskörper und die Erklärungen der Bewegungen anlangt, mit Kopernikus gemein, nur dass er die jährliche Erdbewegung des Kopernikus auf das ganze System der Planetenbahnen und auf die Sonne überträgt, die nach der übereinstimmenden Ansicht beider Meister dessen Mitte einnimmt.«[145]

Es folgt eine suggestive Anleitung, sich dessen auf einem Stück Papier zeichnerisch zu vergewissern.[146] Eine Äquivalenz gilt auch für den von Kepler eingeschlagenen Weg, die Harmonien der Planetenbewegungen, wie sie von der Sonne, also seinem Zentralkörper, aus zu sehen sind, auszumachen. Keplers Übertragungshilfen für Anhänger des Tycho Brahe finden sich auch in seiner Skizze der Planetenbahnen, die er seinem Werk beigibt (Abb. 8.6).[147]

144 Zu Details vgl. Stephenson, a. a.O., p. 131–133.

145 *HM* dt. S. 286, engl. p. 403.

146 Keplers didaktische Anstrengung hängt offenbar auch damit zusammen, dass er die Verbreitung seines Werks in katholischen Ländern sicherstellen wollte. Man beachte auch, dass Keplers Besorgnis in Bezug auf die katholische Kirche sich am 10. Mai 1619, als der erste Teil seiner *Epitome* auf den Index gesetzt wurde, als allzu berechtigt herausstellte (vgl. *HM* engl. p. 403 und n. 32).

147 *HM* dt. S. 287. Genau genommen gibt Kepler für fast alle Planeten nur drei Kreise an, deren Radien die größte, mittlere und kleinste Entfernung des Planeten von der Sonne darstellen. Die Bahnen selbst sind in der Regel nicht dargestellt, aber die des Mars ist mit einer punktierten Linie angedeutet: eine leicht exzentrische Bahn um die Sonne.

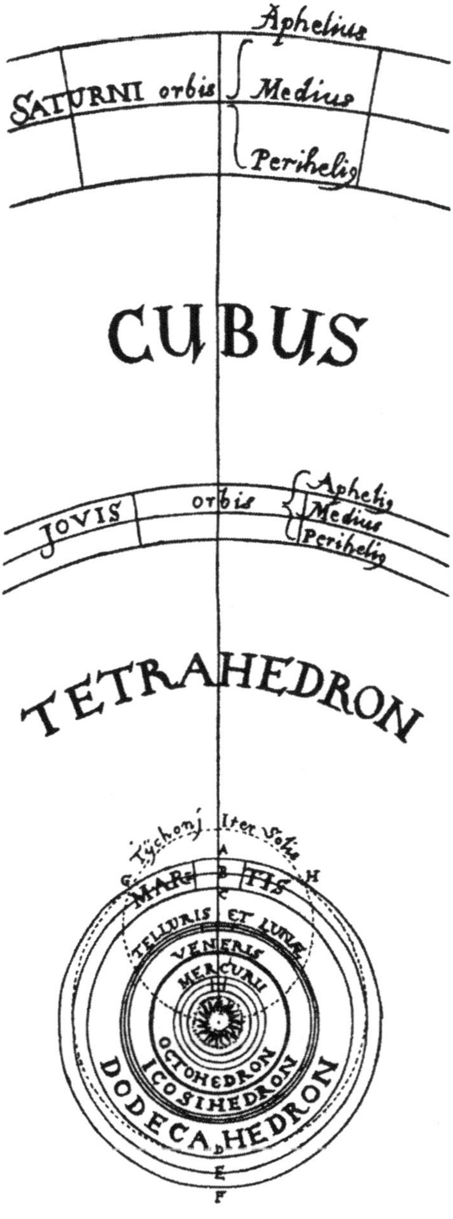
Aphelius
SATURNI orbis
Medius
Perihelis
CUBUS
JOVIS
orbis
Aphelis
Medius
Perihelis
TETRAHEDRON
Tychoni Iter Solis
A
B
C
G
H
MARTIS
TELLURIS ET LUNÆ
VENERIS
MERCURII
OCTOHEDRON
ICOSIHEDRON
DODECAHEDRON
D
E
F

Abb. 8.6

Bei den Größenverhältnissen der Planetensphären sieht sich Kepler einer herausfordernden Schwierigkeit gegenüber. Es hat sich nämlich herausgestellt, dass anders, als Kepler in seiner jugendlichen Vision des *MC* dachte, die Zwischenräume *nicht genau* von den regulären Polyedern ausgefüllt werden.[148] Das wäre auch keine ausreichende Basis, wenn man bedenkt, dass jeder Planet aufgrund der Exzentrizitäten durch *drei* Sphären: eine äußere, eine mittlere und eine innere, gekennzeichnet ist, woraus sich wesentlich mehr Abstände ergeben als die platonischen Körper zu liefern imstande sind.

Es wird also sehr viel von einer Systematik der Exzentrizitäten abhängen. Nach heutiger Auffassung sind diese pure Kontingenzen, erklärbar allenfalls durch die Genese des Planetensystems. Kepler jedoch ist auf einen Zusammenhang der Exzentrizitäten mit den Harmonien aus, um so zu zeigen, dass der »musikalische« Schöpfer sie nicht anders bestimmen konnte.

Die Exzentrizität einer Ellipse hängt eng mit der variablen Geschwindigkeit zusammen, mit der der Planet auf der Ellipse umläuft. Diese Variabilität fasst Kepler durch die verschiedenen Längen von Ellipsenbögen, die während einer gleichen Zeit durchlaufen werden.[149] Zu berücksichtigen ist auch, dass diese Ellipsenbögen von der Sonne aus, je nach Entfernung, verschieden *erscheinen*. Ich übergehe hier diese Details.

8.7 Im *4. Kapitel* geht Kepler endlich die Frage an, *welche* Größen im System der Planeten in harmonischen Verhältnissen zueinander stehen. Er erörtert nacheinander verschiedene Optionen, zum Beispiel die Abstände von der Sonne, die Umlaufzeiten und die variablen Geschwindigkeiten. Einige dieser Optionen haben in antiken Harmonielehren eine besondere Rolle gespielt, aber Kepler macht

148 Eine gewisse Milderung ließe sich erreichen durch Einführung des Sterndodekaeders (vgl. dessen Einführung Ende des 2. Kapitels von *HM* V) [bei dem die seitlichen Fünfeckflächen des Dodekaeders zu Sternen erweitert werden. Je fünf Spitzen solcher Sterne formen eine räumliche Ecke eines größeren Sterndodekaeders]. Eine ausgezeichnete Behandlung der Vielfalt von Polyedern findet sich in Cromwell 1997.

149 Vgl. Stephenson, a.a.O., p. 136f., für erläuternde Details. Vgl. auch die Anmerkung 39 zur engl. Übersetzung der *HM*.

sich hier ganz frei von diesen Vorbildern, hat er doch durch seine Ellipsenbahnen der Planeten mehr Parameter zur Verfügung als frühere Theoretiker. Auch verfügt die inzwischen polyphone Musik über ein reichhaltigeres Sortiment von Harmonien. Nach einigen Überlegungen – wiederum mit Hilfe seines 3. Gesetzes – kommt er zu dem Schluss, dass einzig die extremen Lagen der Planeten, sprich: ihre Positionen in größter Sonnennähe bzw. Sonnenferne (Perihel bzw. Aphel) eine Rolle für die Harmonien spielen. Es sind diese Positionen, in denen der jeweilige Planet seine größte bzw. kleinste Geschwindigkeit hat.[150] Insofern ist die *Bewegung* der Planeten der »Stoff« der Harmonik; das war Kepler besonders wichtig.[151] Zugleich betrifft Harmonie die Verhältnisse *mehrerer* Planeten zueinander, nicht nur Verhältnisse verschiedener Maße an ein- und demselben Planeten.

Die Bewegung der Planeten an den Extrempunkten ihrer Bahnen misst Kepler durch ihre *Winkelgeschwindigkeit* von der Sonne aus gesehen: wie viel Winkel-Minuten und -Sekunden durchläuft der Planet, von dort aus gesehen, in einem Tag? So erhält Kepler für jeden der Planeten zwei Werte, einen für seine größte Sonnenentfernung und einen für seine kleinste. Die Kombination der »extremen« Bewegungen eines Planeten mit denen eines benachbarten ergibt tatsächlich ungefähr oder auch recht genau Harmonien: zwischen den »konvergenten« Bewegungen[152] von Saturn und Jupiter die *Oktav*, zwischen denen von Jupiter und Mars ungefähr zwei Oktaven plus eine *kleine Terz* und bei denen von Mars und Erde eine *Quint*. Bei den »unteren« Planeten muss man dagegen zwei Perihel- oder zwei Aphel-Bewegungen kombinieren. Man erhält so *große* und *kleine Sexten*.

Von den zu Keplers Zeiten gebräuchlichen Konsonanzen fehlt also, außer der großen Terz, die *Quart*. Kepler entdeckt diese aber

150 Kepler kennt natürlich noch nicht den Begriff der Momentangeschwindigkeit im modernen Sinn, der die damals noch unbekannte Infinitesimalrechnung benötigt. Er betrachtet immer Durchschnittsgeschwindigkeiten kleiner Abschnitte.

151 Vgl. dt. S. 298, engl. p. 421.

152 Kepler nennt die Bewegungen im sonnennächsten Punkt des äußeren Planeten und im sonnenfernsten Punkt des inneren Planeten »konvergent«; vgl. 8.9 zu Proposition 5.

zwischen den Extrembewegungen des *Mondes* um die Erde, von dieser aus gesehen.[153] Das ist eine Eigentümlichkeit seiner Himmelsharmonik. Man beachte, dass Kepler mit gleich guten Gründen auch die von Galilei entdeckten *Jupitermonde* einbeziehen könnte.

Halten wir erst einmal fest: *Die Harmonik der Welt erweist sich als eine, die auch unserem musikalischen Empfinden entspricht.*[154]

Kann man die himmlischen Harmonien »hören«? Sicher nicht im üblichen Sinn, wohl aber, für Kepler, in einer Art »geistiger« Musik. Das harmonische Zusammenklingen der Planeten hat aber auch noch eine andere Einschränkung: Normalerweise finden die extremen Bewegungen eines Planeten zu anderen Zeiten statt als die extremen Bewegungen eines anderen Planeten. Immerhin besteht die Möglichkeit eines *gelegentlichen* Zusammenklingens. Das gilt jedoch nicht für den Vergleich der extremen Bewegungen eines einzelnen Himmelskörpers, wie etwa die beim Mond zu beobachtende Quart: Die maximale und die minimale Geschwindigkeit liegen etwa 14 Tage auseinander. Die Harmonien, die die einzelnen Planeten je für sich bilden, so Kepler[155], sind jedoch nicht unbedeutend. Sie entsprechen aber nur dem einstimmigen Gesang, nicht dem mehrstimmigen (»figurierten«) Gesang seiner Zeit. Die einfachere Harmonik der einzelnen Planeten behandelt Kepler in den Kapiteln 5 und 6.

Doch zunächst noch zu zwei Besonderheiten des im 4. Kapitel erreichten harmonischen Systems. Kepler verschweigt nicht, dass dieses System nicht vollkommen ist, insbesondere liegt zwischen Jupiter und Mars keine wirkliche Harmonie vor. Diese Lücke werde aber, so Kepler[156], dadurch geschlossen, dass der Abstand zwischen den Sphären des Jupiter und des Mars von ihrem platonischen Körper (dem Tetraeder) perfekt getroffen werde. So spielt Keplers altes Modell des *Mysterium Cosmographicum* immer noch seine Rolle auch für die ausgefeilte Harmonik der *HM*.

153 Dt. S. 302, engl. p. 425 f.

154 Für genauere Erörterungen der bisherigen Harmonik vgl. Stephenson 1994, ch. IX. 4.

155 Dt. S. 304, engl. p. 430.

156 Dt. S. 304, engl. p. 429.

Ein zweiter Aspekt, den ich hervorheben möchte, betrifft die *Heliozentrik* der Keplerschen Planetenharmonik: Nur *Bewohner der Sonne* könnten diese Harmonik »wahrnehmen«. Nun hält Kepler solche Sonnenbewohner keinesfalls für unmöglich; vgl. seinen später noch anzusprechenden Epilog zum V. Buch der *HM*. Gleichwohl sieht er aber eine große Bedeutung der Weltharmonik auch für uns Erdenbewohner: Wir erkennen sie aus den Beobachtungen, kopernikanisch verstanden, die wir hier auf der Erde anstellen können. Gott hat sie zum *zentralen* Prinzip seiner Schöpfung gemacht und uns die Möglichkeit gegeben, dieses Prinzip aufzufinden. Dazu bedarf es recht genauer Beobachtungen, des Aufspürens der kopernikanischen Heliozentrik und scharfsinniger Überlegungen. Im Vorwort des V. Buches preist Kepler den Schöpfer überschwänglich dafür, dass er ihn auserwählt habe, dieses Geheimnis letztendlich zu lüften.

Etwas weltlicher gestimmt sollte man nicht vergessen, dass Sonnenbewohner gar nicht die Möglichkeit hätten, die Entfernungen der Planeten zu bestimmen. Dazu bedarf es einer exzentrischen Position des Beobachtens, wie wir sie auf der Erde besitzen – und natürlich der kopernikanischen Weltsicht. Außerdem gibt uns diese exzentrische Weltsicht Konstellationen der Planeten, die nach Kepler für uns *astrologische* Bedeutung haben.

8.8 Das 5. *Kapitel* und das sehr kurze 6. *Kapitel* sind der Tonreihe gewidmet. Kepler führt durch Oktavschritte alle Planeten-»Töne« in einer Oktave zusammen und weist nach, dass sowohl die Töne der Dur- wie die der Moll-Skala ihre planetaren Repräsentanten haben. Die Tongeschlechter Dur und Moll waren zu Keplers Zeiten noch nicht so genau festgelegt wie später; er entwickelte aber einen durchaus akzeptablen Begriff der Tongeschlechter.[157]

Im 7. *Kapitel* geht es dann wieder um den Zusammenklang der Planeten, bis hin zu einer Gesamtharmonie aller Planeten. Zunächst behandelt Kepler den *zeitlichen* Aspekt: Schon bei zwei Planeten kann es unter Umständen sehr lange dauern, bis Extrempunkte von ihnen zeitlich zusammenfallen. Bei den äußersten Planeten bei-

157 Zu beiden Kapiteln findet man Genaueres bei Stephenson, a. a.O., ch. IX., 5–6.

spielsweise, Saturn und Jupiter, die die längsten Umlaufzeiten haben, treten solche Fälle extrem selten auf, vgl. dazu Keplers Überlegungen im Vorwort des *Mysterium Cosmographicum* (hier Kapitel 3). Simultane Harmonien von mehr als zwei Planeten wären also sehr selten. Kepler spekuliert darüber, ob es jemals eine Harmonie aller sechs Planeten gegeben habe und dies vielleicht gerade bei der Erschaffung der Welt.

Kepler erlaubt sich hier, auch nicht-extreme Bewegungen der Planeten einzubeziehen, also die, mit denen wir es fast immer zu tun haben. Auf diese Weise gelangt er tatsächlich zu Gesamtharmonien aller Planeten, sowohl in Dur als auch in Moll. Und zwar findet er sogar solche, in der »fast alle« extremen Bewegungen teilhaben; »fast«, weil sich die Aphel-Bewegung des Mars und die Perihel-Bewegung des Jupiters nicht unterbringen lassen. Dies liege an der »Ehe zwischen Erde und Venus«[158], beide haben eine sehr geringe Exzentrizität und »singen« daher beide fast konstante Töne, und diese jeweils beiden sehr ähnlichen Töne lassen sich einfach nicht mit den besagten extremen Tönen von Mars und Jupiter harmonisch kombinieren. Kepler elaboriert an dieser Stelle sein metaphorisches Bild von der »Ehe« unseres Planeten mit der Venus – so, als ob er dadurch Groll über diese Störenfriede abwenden wolle. Andererseits sieht Kepler im Anschluss zu, ob wir weiterkämen, wenn wir »Venus schweigen heißen«.[159] In der Tat gelingt es dann, die Perihel-Bewegung des Jupiters zuzulassen. Auch die Aphel-Bewegung des Mars einzubeziehen, erfordert dagegen, der Erde den Abschied zu geben. Keplers Unternehmen scheint also noch nicht zum Erfolg geführt zu haben.

Kapitel 8 ist wiederum sehr kurz und wird von Kepler auch nicht als direkter Bestandteil seiner Weltharmonik angesehen. Er vergleicht die »Stimmen« der Planeten mit menschlichen Stimmen, und zwar Saturn und Jupiter mit dem *Bass*, Mars mit dem *Tenor*, Erde und Venus mit dem *Alt* und Merkur mit dem *Diskant*, wie der Übersetzer Caspar es wörtlich wiedergibt.

158 Dt. S. 313, engl. p. 446.
159 Dt. S. 314, engl. p. 446.

8.9 Nun endlich zu *Kapitel 9*; es ist, wie gesagt, recht lang. Es vollendet Keplers Unternehmen, die Schöpfung der Welt im Detail nachzuzeichnen und ist äußerst kompliziert und schwer nachzuvollziehen. Der Übersetzer Caspar hat in einem Nachwort darüber geseufzt, und Stephenson schließt sich dem an.[160] Kepler scheint an Kapitel 9 in ungeheurer Konzentration gearbeitet zu haben.

Er baut seine Exposition so auf, »wie es bei den Geometern üblich ist«[161], nämlich in einer Folge von Axiomen und Propositionen.[162] Insgesamt listet er 49 Positionen, von denen die letzte eine Zusammenfassung ist. Das ganze Unternehmen teilt er in zwei Teile, die *rationes priores* und die *posteriores rationes*.[163] Es zeigt sich, dass die ersteren eher die Grobstruktur und die unproblematischeren Verhältnisse darlegen, die letzteren vor allem die subtilen Probleme, die Erde und Venus schaffen. Das ganze Kapitel – um noch einmal auf diesen wichtigen Umstand hinzuweisen – kann nicht vor Mai 1618 entstanden sein, da von dem erst dann gefundenen 3. Gesetz immer wieder Gebrauch gemacht wird.

Ich gebe die Axiome und Propositionen im Wesentlichen nach der Übersetzung von Caspar wieder; zunächst die Axiome 1 und 2, die noch nicht auf Exzentrizitäten abheben, sondern erst nur auf die Grobstruktur des Kosmos.

> 1. *Axiom*: Es ist das Natürliche, daß überall, wo es irgendwie möglich war, zwischen den Extremwerten der Bewegungen sowohl der einzelnen Planeten wie der Planetenpaare alle verschiedenen Arten von Harmonien gebildet werden sollen, damit diese Mannigfaltigkeit der Welt zum Schmuck gereiche.
> 2. *Axiom*: Die fünf Intervalle der sechs Sphären mußten der Größe nach bis zu einem gewissen Grad der Proportion der geometrischen

160 Stephenson 1994, p. 185f.

161 *HM* dt. S. 317.

162 [Propositionen werden in deutschen mathematischen Abhandlungen meist einfach »Sätze« genannt.]

163 Caspar spricht von der »Ersten« bzw. »Zweiten Schlussreihe«, die englische Übersetzung von »A Priori Arguments« und »A Posteriori Arguments«. Ich schließe mich eher Caspars schlichter Lesart an, da mir »a priori« und »a posteriori« zu sehr geprägt sind durch spätere philosophische Begrifflichkeit (z. B. bei Kant), mit der Keplers Gebrauch gar nichts zu tun hat.

> Kugeln entsprechen, die den fünf regulären räumlichen Figuren ein- und umbeschrieben sind, und zwar der Ordnung nach, die für die Figuren natürlich ist. Siehe hierzu Kapitel I, mein »Mysterium Cosmographicum« und Buch IV meiner »Epitome Astronomiae«.

Man beachte die eingeflochtenen Vorbehalte »wo es irgendwie möglich war« und »bis zu einem gewissen Grad«, deren Sinn später deutlicher werden wird.

Die Ordnung, »die für die Figuren natürlich ist«, ist die, die Kepler schon im *Mysterium Cosmographicum* angegeben (und mit apriorischen Gründen versehen) hat und die ich bereits referiert habe, nämlich von außen nach innen: Würfel, Tetraeder, Dodekaeder, Ikosaeder und Oktaeder. Die Natürlichkeit dieser Anordnung ist für uns heute recht fraglich. Statt ihrer könnte man auch schlicht den empirischen Grund anführen, dass diese Ordnung den tatsächlichen Abständen der Planetensphären am ehesten gerecht wird.

Kepler gibt eine fortlaufende gemeinsame Nummerierung der Axiome und Propositionen an, so dass die folgende Proposition die Nr. 3 erhält:

> 3. *Proposition*: Zwischen Erde und Mars sowie zwischen Erde und Venus mußten Intervalle sein, die im Verhältnis zu ihren Sphären am kleinsten und nahezu gleich sind; zwischen Saturn und Jupiter sowie zwischen Venus und Merkur solche von mittlerer Größe, die wiederum nahezu gleich sind; zwischen Jupiter und Mars das größte.[164]

Die dargestellten Größenverhältnisse sind ablesbar an dem hier im Kapitel 3 abgebildeten Kepler'schen Modell der ineinander geschachtelten Polyeder.

Bisher ist nicht mehr begründet als die schon im *Mysterium Cosmographicum* dargelegten Verhältnisse. Das folgende Axiom bezieht sich auf die reichhaltigere Charakterisierung der Planetenbahnen, die Kepler in seiner *Astronomia Nova* entfaltet hat:

> 4. *Axiom*: Alle Planeten müssen ihre Exzentrizitäten, gleichwie eine Bewegung in Breite, sowie den Exzentrizitäten entsprechend auch

164 *HM* dt. S. 318.

verschiedene Abstände von der Sonne, der Quelle der Bewegung, haben.[165]

Obwohl Kepler hier nicht explizit von seinen Ellipsen spricht, hat er diese natürlich im Auge. Die »Bewegung in Breite« meint die von mir nicht behandelten Abweichungen von der Ekliptik, d. h. der Ebene, in der sich die Erde um die Sonne bewegt. Ein von der Erde verschiedener Planet beschreibt eine Raumkurve, die größtenteils leicht »ober- oder unterhalb« der Ekliptik verläuft. Kepler vergleicht die dabei entstehende Bahn mit dem Kokon einer Seidenraupe. – Die Breitenbewegung ist ein schwieriges Kapitel der damaligen Astronomie, das Kepler schon in seiner *Astronomia Nova* einbezogen hat. Ich lasse sie hier außer Betracht.

Mit *Proposition 5* endlich gelangen wir zu den *Harmonien*:

> Jedem Paar benachbarter Planeten mußten zwei verschiedene Harmonien zugeteilt werden.
> Denn nach Axiom 4 hat jeder Planet einen längsten und einen kürzesten Abstand von der Sonne, und daher auch nach dem 3. Kapitel dieses Buches eine langsamste und eine schnellste Bewegung. Es ist also eine doppelte Vergleichung der extremen Bewegungen möglich, eine Vergleichung der divergenten Bewegungen beider Planeten, und eine der konvergenten.[166]

Die »divergenten« Bewegungen eines Planetenpaares sind die im sonnenfernsten Punkt der »oberen« Planetenbahn und die im sonnennächsten Punkt der »unteren« Planetenbahn, also in den Punkten mit der größtmöglichen Differenz der Sonnenentfernungen; die »kovergenten« Bewegungen haben die geringstmögliche Differenz der Sonnenentfernung. Ferner betrachtet Kepler die »Eigenproportionen« einzelner Planeten, d. h. das Verhältnis seiner größten und seiner kleinsten Sonnennähe. Die Eigenproportionen eines Planetenpaares bilden zusammen die Differenz von divergenter und konvergenter Proportion.

Die folgenden *Propositionen 6* und *7* zeigen, dass einige Harmonien bei solchen Paaren nicht oder kaum erreicht werden: die

165 Ibid.
166 *HM* dt. S. 319.

kleine und die große Terz sowie die Quart nur unter besonderen Bedingungen.[167] (Auch diese Ergebnisse konnten erst nach der Entdeckung des 3. Kepler'schen Gesetzes erreicht werden.[168])

Es folgt eine Reihe von Propositionen (und einem weiteren Axiom), die den Planetenpaaren und den Planeten selbst einzelne harmonische Verhältnisse zuweisen. Dabei wird auch von der alten Polyeder-These Gebrauch gemacht, nämlich bei den konvergenten Proportionen der Planetenpaare, die sich ja an dem Polyeder zwischen ihnen ablesen lassen. Bei *Saturn* und *Jupiter* erhält man die *Oktave* und die *Quint*, oder genauer die Oktave und die Oktave plus Quint, für ihre *konvergente* bzw. *divergente* Proportion (Proposition 8). Die Differenz, also eine Quint, muss gerade die Summe der *Eigenproportionen* der beiden Planeten sein (Proposition 9), nämlich 4/5 und 5/6, *große* und *kleine Terz* (Proposition 11). *Venus* und *Merkur* haben als *divergente* Proportion die doppelte Oktave (Proposition 12), *Jupiter* und *Mars* ungefähr die dreifache Oktave bzw., als *konvergentes* Verhältnis, zwei Oktaven plus eine kleine Terz (Proposition 13). Daraus ergibt sich für die *Eigenproportion* des *Mars* etwas mehr als eine *Quart* (Proposition 14). Dann kommen die Paare *Mars* und *Erde*, *Erde* und *Venus* sowie *Venus* und *Merkur* an die Reihe. Die *konvergenten* Proportionen dieser drei Paare sind Quint, *kleine Sext* und *große Sext* (Proposition 15); die Argumentation hierfür ist etwas aufwendiger.[169]

Die Eigenproportionen von Venus und Merkur zusammen sollten 5/12 sein (Propostion 16), die des Merkur allein müsste also etwas kleiner sein, sei sie aber nicht, wie die »rationes posteriores« ergeben würden; man beachte, dass Venus eine sehr kleine Eigenproportion hat. Schließlich wird festgestellt, dass die divergenten Proportionen von *Mars* und *Erde* nicht kleiner sein können als 5/12 (Proposition 17).

Damit, so beschließt Kepler die »rationes priores«, seien allen Paaren benachbarter Planeten *zwei* Harmonien zugeordnet (konvergent und divergent), nur für Erde und Venus nicht. Dies sei weiter zu untersuchen.

167 Vgl. dazu die ausführlichen Erklärungen bei Stephenson, a. a.O., p. 189 ff.

168 Vgl. Stephenson, a. a.O., p. 192.

169 Vgl. Stephenson, a. a.O., p. 195–197.

Ich fasse die bisherigen Ergebnisse in einer Tabelle (Abb. 8.7) zusammen:

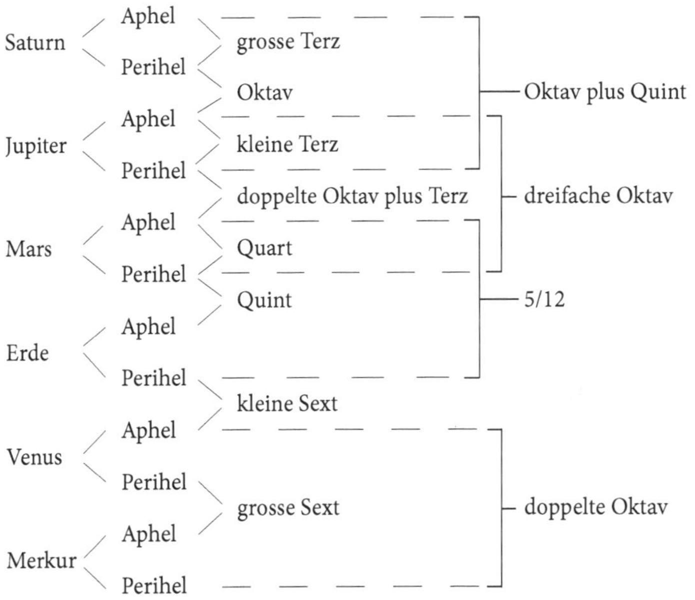

Abb. 8.7

Das ist also das noch nicht ganz vollständige System, das die Begründungen »a priori« liefern. Zwar tauchen alle Harmonien auf, aber nicht alle Paare benachbarter Planeten werden berücksichtigt, weil dem divergenten Paar Erde/Venus noch keine Harmonie zugeordnet ist. Die Vervollständigung und »Feinstrukturierung«, zu der Kepler nun ansetzt, ist wesentlich umfänglicher. Ich gebe sie hier nur verkürzt wieder.

Kepler setzt wieder mit einigen Axiomen an: zu den bisherigen vier Axiomen nun vier weitere (*No. 18–21*). Sie zeigen, dass er jetzt das Spektrum seiner Aufgaben erweitert, nämlich einmal um *universelle Harmonien*, andererseits um die Differenzierung von *Dur* und *Moll*. Damit verbunden ist die Forderung nach einer möglichst großen Vielfalt der harmonischen Beziehungen.

Zunächst zielt Kepler, wie sich herausstellt, auf das Paar Erde/Venus; die Proposition 23 ist aber noch allgemeiner gefasst: *Ein* Planetenpaar soll nur die Harmonien der *großen* und *kleinen Sext* aufweisen, das heißt die und keine anderen. Ist ein solches Planetenpaar gefunden, so haben wir damit die Differenzierung in *Dur* und *Moll.* Das Paar *Erde/Venus* ist ein guter Kandidat, da diese beiden Planeten geringe Exzentrizitäten aufweisen und daher nur einen geringen Spielraum für verschiedene Harmonien zulassen. Zunächst beschäftigt sich Kepler intensiv mit den kleinen »Eigenproportionen« der beiden Planeten, also den Intervallen, die die Planeten je für sich zwischen ihrer Aphel- und Perihel-Bewegung haben (Propositionen 24–26). Dann erst formuliert er, in Proposition 27, dass Erde und Venus der Forderung von Proposition 23 genügen, allerdings mit den Intervallen zwischen einerseits ihren Aphel-Bewegungen, andererseits ihren Perihelbewegungen; also nicht, wie bisher betrachtet, mit konvergenten und divergenten Intervallen.

Am Ende der diffizilen Begründung für Proposition 26 fragt Kepler, »ob die höchste schöpferische Weisheit sich damit abgegeben hat, solchen kniffligen Gründen nachzuspüren«.[170] Und etwas später:

> »Es genügt […] nicht zu sagen: Gott hat die Proportionen so groß angenommen, weil es ihm so gefiel. Denn in geometrischen Dingen, die der Freiheit der Wahl unterworfen waren, hat Gott an nichts Gefallen gefunden, was nicht irgendwelche geometrische Ursache hat. Das sieht man an den Rändern der Blätter, an den Schuppen der Fische, an den Fellen der Tiere mit ihren Flecken und der Anordnung dieser Flecken und ähnlichem.«[171]

Es folgt eine Reihe von Propositionen (28–36), die sich mit verschiedenen Proportionen beschäftigen, auch von Paaren nicht benachbarter Planeten. Auch wird wieder zwischen Dur und Moll differenziert. Die Begründung von Proposition 28 hebt hervor, dass Erde und Venus die kleinsten Exzentrizitäten haben, während die Nachbarn nach »oben« bzw. »unten«, Mars und Merkur, die größten Exzentrizitäten aufweisen.

Die restlichen Propositionen (37–48) sind im Wesentlichen Auseinandersetzungen mit kleinen Unvollkommenheiten des jetzt er-

170 Dt. S. 329, engl. p. 466.
171 Ibid.

reichten Systems. Aufschlussreich ist besonders *44*, ein »Korollar«. Darin heißt es, dass

> »weder alle (extremen Bewegungen) sich ganz vollkommen in ein einziges natürliches System oder eine einzige Tonleiter einfügen, noch alle jene, die sich in ein System von gleicher Stimmung einfügen, dessen Stufen in einem natürlichen Verhältnis teilen oder eine rein natürliche Aufeinanderfolge melodischer Intervalle bilden.«[172]

Die einzelnen Harmonien und die Gesamtharmonien, in beiden Tongeschlechtern, schließen nämlich eine perfekte Passung aus. Damit habe man die Gründe für die schon in Kapitel 3 festgestellten kleinen Unstimmigkeiten.[173]

In Proposition 47 wird auch der Stern-Dodekaeder verwendet, nämlich für den Abstand von Mars und Venus (unter Auslassung der Erde) – eine Abweichung vom ursprünglichen Polyeder-Modell.

Hervorheben möchte ich noch die letzte der Propositionen, *48* (gefolgt nur noch von der Zusammenfassung *49*):

> »Die Einschaltung der regulären räumlichen Figuren zwischen die Planetensphären war nicht völlig frei; sie wurde um sehr kleine Beträge durch die zwischen den extremen Bewegungen festgesetzten Harmonien behindert.«[174]

Hier wird also in aller Schlichtheit ausgesprochen, dass das – nie aufgegebene – Polyeder-Modell nicht genau passt, sondern zugunsten der Harmonien als genaueres Modell aufgegeben werden muss.

Kepler diskutiert danach ausführlich, welche Konsequenzen die Harmonien für die astronomischen Abmessungen haben. Dabei kommt ihm wieder sein 3. Gesetz entscheidend zu Hilfe. Zunächst bestimmt er die Exzentrizitäten aus den für die Harmonien benötigten Eigenproportionen der Planeten. Sodann leitet er, mit dem 3. Gesetz, die Entfernung von der Sonne ab. Schließlich vergleicht er seine theoretisch hergeleiteten Werte mit den Beobachtungen von Brahe und stellt fest: »Die Zahlen kommen ganz nahe an die Abstände heran, die ich aus den tychonischen Beobachtungen er-

172 Dt. S. 339, engl. p. 478.

173 Vgl. die Anm. in der englischen Ausgabe, p. 478.

174 Dt. S. 343, engl. p. 483.

mittelt habe. Nur bei Merkur zeigt sich ein leichter Unterschied.«[175]

Und dieser Unterschied liege wohl an der geringen Zahl von Beobachtungen in diesem Fall oder an der großen Exzentrizität des Merkur.[176]

Schließlich zeigt Kepler, dass die Verhältnisse der aus dem Polyeder-Modell errechneten Sphären hinreichend genau den von den Harmonien erforderten entsprechen.

Den Abschluss des 9. Kapitels bildet *49*, der »Schluss-Satz« (lat. »epiphonema«), eine wohltuend klare und knappe Zusammenfassung:

> »Es war gut, daß die räumlichen Figuren bei der Bildung der Abstände gegenüber den harmonischen Verhältnissen und die großen Harmonien je zweier Planeten gegenüber den Gesamtharmonien aller nachgeben mußten, soweit dies nötig war.«[177]

Hier konstatiert Kepler also, dass zwei Dinge, die ihn geleitet haben, nicht vollkommen zu dem erarbeiteten Endresultat führen: Die regulären Polyeder als Abstandhalter zwischen den Sphären müssen den harmonischen Verhältnissen zuliebe Konzessionen machen, und die »divergenten Harmonien« der Planentenpaare reihen sich nicht gänzlich ein in die Gesamtharmonie der Planeten.

Kepler »beweist« diese beiden Aussagen wie folgt: Die platonischen Körper geben nur korrekt die Sechszahl der Planeten und die ungefähren Abmessungen des Systems an, die Ausgestaltung folgt nach den harmonischen Gesetzen. Er vergleicht dies mit der Produktion einer Statue: Aus einem Klotz der ungefähren Größe der zu schaffenden Figur wird diese selbst nach dem Urbild der Menschengestalt herausgearbeitet:

> »...die Harmonien gaben der Statue Nase, Augen und die übrigen Glieder, während die räumlichen Figuren nur die äußere Größe der rohen Masse vorgeschrieben hatten.«[178]

175 Dt. S. 346, engl. p. 486.
176 Ibid.
177 Dt. S. 347, engl. p. 488.
178 Dt. S. 349, engl. p. 490.

Kepler referiert auch noch kurz die Entwicklung seiner Harmonie-Theorie: Erst wenige Jahre zuvor habe er *Bewegungen* in seine Theorie einbezogen und konnte damit den Exzentrizitäten gerechter werden.

Die zweite der Aussagen in Satz 49, dass die Gesamtharmonien vor den Harmonien von Planetenpaaren rangieren, ist eigentlich als Prinzip evident. Kepler beruhigt uns noch, dass die Abweichungen bei einzelnen Harmonien weniger als eine Diesis, also ein sehr kleines Intervall[179], betragen, außer bei den divergenten Bewegungen von Jupiter und Mars und auch bei diesen nur um »ein Intervall zwischen Diesis und Halbton«.[180]

Mit einem Gebet beschließt Kepler das Kapitel:

> »[...] ich sage Dir Dank, Schöpfer, Gott, weil Du mir Freude gegeben hast an dem, was Du gemacht hast [...]. Siehe, ich habe jetzt das Werk vollendet, zu dem ich berufen ward. Ich habe dabei alle die Kräfte meines Geistes genutzt, die Du mir verliehen hast. Ich habe die Herrlichkeit Deiner Werke den Menschen, die meine Ausführungen lesen werden, geoffenbart, soviel von ihrem unendlichen Reichtum mein enger Verstand hat erfassen können. [...]«[181]

179 Vgl. Kap. 7.

180 Dt. S. 350, engl. p. 492.

181 Ibid.

9. Ausblicke

9.1 *Von der Sonne aus gesehen*

Im Schlusskapitel des V. Buches der *Harmonice Mundi*, »Epilog über die Sonne mit mutmaßlichen Annahmen«, spekuliert Kepler vorsichtig über den der Sonne innewohnenden Geist (und über etwaige Sonnenbewohner).

> »Wir haben gesehen, daß zwischen den extremen Bewegungen der Planeten eine vollkommene Harmonie besteht, nicht im Hinblick auf die wirklichen Geschwindigkeiten im Ätherraum, sondern im Hinblick auf die Winkel, die entstehen, wenn man die Endpunkte der täglichen Bögen der Planetenbahnen mit dem Sonnenmittelpunkt verbindet. Die Harmonie schmückt nun aber nicht die Glieder, die in Proportion gesetzt werden, d.h. die einzelnen Bewegungen an und für sich; vielmehr werden diese, insofern sie miteinander verbunden und verglichen werden, Objekt für einen wahrnehmenden Geist. [...] Freilich ist es für uns Erdenbewohner nicht leicht zu erschließen, [...] was das [...] für ein Geist in der Sonne ist.«[182]
>
> »In der Sonne aber wohnt der einfache Intellekt, das Geistfeuer oder der Nus, die Quelle der Harmonie, wer immer dieser Geist sein mag.«[183]

Die vorgestellten Geschöpfe in der Sonne sind dadurch ausgezeichnet, dass sie die Harmonie in den Winkelgeschwindigkeiten der Planeten sinnlich wahrnehmen können. Andererseits bleibt ihnen versagt, die Abmessungen des Kosmos, insbesondere die Entfernungen der Planeten, zu bestimmen und damit auch deren Bestimmtheit durch die eingeschlossenen und umschließenden Polyeder. Denn

182 *HM*, dt. S. 351.
183 *HM*, dt. S. 35.

die Planeten vollführen, von der Sonne aus gesehen, nicht jene seltsamen, von Schleifen durchsetzten Bahnen, in denen sich ihre Bewegungen von der Erde aus kundtun; es sind ja aber gerade diese Schleifen, aus deren genialer Deutung durch die Eigenbewegung der Erde Kopernikus die Entfernungen der Planeten vom Zentralgestirn bestimmen konnte. Insofern sind wir, Bewohner eines umlaufenden Planeten, ausgezeichnet. Gerade unsere, wie manche es sehen, inferiore Heimstatt auf einem durch das Sonnensystem ziehenden Himmelskörper gibt uns den Schlüssel für das Verständnis des ganzen Systems.

Von der Erde aus können wir die harmonierenden Winkelgeschwindigkeiten allerdings nur errechnen. Die das ganze Planetensystem durchdringende Harmonie ist für uns also nicht sinnlich erfahrbar, sondern nur mit dem Geist zu erfassen. Erst auf dem Entwicklungsstand der Astronomie, den Kepler erreicht hat, wird die Harmonie erschließbar. Wie er in der Vorrede zum V. Buch der *Harmonice Mundi* ankündigt, hält er sich für den, der schließlich eine seit der Schöpfung anstehenden Aufgabe löst:

> »Was ich vor 25 Jahren vorausgeahnt habe, [...] das habe ich [...] nach Erledigung meiner astronomischen Aufgabe [...] endlich ans Licht gebracht. [...] Jetzt [...] hält mich nichts zurück. [...] Wohlan ich [...] schreibe ein Buch für die Gegenwart oder die Nachwelt. Mir ist es gleich. Es mag hundert Jahre seines Lesers harren, hat doch auch Gott sechstausend Jahre auf den Beschauer gewartet.«[184]

Der Schöpfer hat sich aber nicht nur in der schwer erschließbaren Harmonik der Welt verborgen, er bietet uns auch einen Abglanz der Harmonik in den sinnlich erfahrbaren Harmonien der astrologischen Aspekte, direkt erfahrbar von der sich bewegenden Erde aus; vgl. hier Kap. 4 und 8. Die Astrologie erklärt, so Kepler, wie die himmlischen Konstellationen unser Leben bestimmen, vergleichbar der Musik, die uns in besondere Stimmungen versetzt und zum Tanzen bringt.

Ich habe Keplers Ausführungen über Sonnenbewohner »spekulativ« genannt; Kepler ist sich des Tentativen seiner Überlegungen wohlbewusst. Ich möchte aber daran erinnern, dass die Annahme

184 *HM*, dt. S. 279 f.; vgl. das ausführlichere Zitat dieser Stelle in 8.5.

von Lebewesen auf anderen Sternen in Keplers Zeit durchaus üblich war. Ein prominentes Beispiel dafür sind die Lehren Giordano Brunos. Die Nichtbeachtung von Faktoren, die wir heute als wesentlich für das Leben erachten, mag uns erstaunen. Z. B. müsste doch klar sein, dass Planeten, die sich wesentlich weiter weg von der Sonne bewegen als die Erde, nicht warm genug sein können, um Leben zu gestatten; entsprechend umgekehrt für die sonnennäheren Planeten. Kepler, und nicht nur ihn, scheint das nicht zu kümmern.

Ein bizarreres Beispiel dafür ist Keplers *Somnium*, seine »Mondreise«[185]; diese bietet er freilich auch deutlich als Spekulation an. Er schildert in ihr, wie man, wenn man von solider Gesundheit ist, durchaus zum Mond reisen und dort leben kann. Das Abenteuer einer solchen Reise zu beschreiben, ist aber nicht sein eigentliches Anliegen und nimmt auch nur einen kleinen Teil seiner Schrift ein. Vor allem schildert er, wie man vom Mond aus die Erde und andere Himmelskörper sich bewegen sieht. Die Abhängigkeit unserer Beobachtungen vom Bewegungszustand unseres Beobachtungsorts ist erkennbar dasjenige, was er uns vermitteln will. Es geht ihm also um die »Didaktik« der kopernikanischen Sichtweise.

9.2 *Zur Rezeption von ›Harmonice Mundi‹*

Kepler hatte zu seiner Weltharmonik einen gewissen Austausch mit dem Engländer *Robert Fludd*, einem Arzt mit weit gespannten Interessen. Der hatte mit einer Weltsicht, die harmonische Strukturen einschloss, beachtliche Resonanz gefunden. Sein umfassendes System war aber gänzlich auf Spekulationen und Metaphern gegründet. Kepler erkannte sehr klar die wesentlichen methodologischen Unterschiede ihrer beiden Systeme:

> »Man kann [...] sehen, daß er seine Hauptfreude an unverständlichen Rätselbildern von der Wirklichkeit hat, während ich darauf ausgehe, gerade die in Dunkel gehüllten Tatsachen der Natur ins helle Licht der Erkenntnis zu rücken. Jenes ist Sache der Chymiker,

185 *Somnium* (1634), KGW XI, 2, 315–438.

> Hermetiker und Parazelsisten, dieses dagegen Aufgabe der Mathematiker.«[186]
>
> »Für ihn ist daher das Bild, das er sich selber von der Welt entworfen hat, für mich dagegen die Welt selber oder die wirklichen Bewegungen der Planeten in ihr Gegenstand der Weltharmonik.«[187]

Keplers System ist klarerweise auf objektive Korrelationen gegründet und zeugt nachvollziehbar von wissenschaftlicher Sorgfalt. Dass wir Keplers Weltharmonik heute meist nicht als wissenschaftlich ansehen, liegt daran, dass wir die mathematischen Verhältnisse, die Kepler als harmonisch deutet, meist nicht als wissenschaftliches Untersuchungsobjekt ansehen.

Über die Rezeption seiner *Harmonice Mundi* hat Kepler sich keine großen Illusionen gemacht. Er erwartete, dass sie nur von wenigen gelesen und von noch weniger Lesern verstanden werden würde. Sein Gebet an den Schöpfer, dem er seine Einsichten zu verdanken glaubte, drückt neben dem Genügen an seiner eingeschränkten Rolle auch seinen Stolz aus.[188]

Aus der Zeit kurz nach der Publikation der *Harmonice Mundi* sind im Wesentlichen nur zwei Rezipienten zu nennen, die Keplers Werk anspruchsvoll würdigen: Jeremiah Horrocks und Giovanni Battista Riccioli.[189] *Harrocks* war ein sehr aufmerksamer Leser und vorzüglicher Astronom. Es ist ein Jammer, dass er so früh starb; seine Lebensspanne reichte nur von 1618 bis 1641. Aufgrund seiner eingehenden Bemerkungen zu Kepler könnten wir sonst erwarten, dass er eine fruchtbare Diskussion des Kepler'schen Werkes angestoßen hätte.

Riccioli (1598 bis 1671) beschäftigte sich engagiert und umfassend mit Astronomiegeschichte. Er konnte sein Riesenwerk darüber nicht vollenden, aber in den publizierten Teilen finden wir eine verständnisvolle Würdigung der *Harmonice Mundi*. Riccioli selbst war kein Kopernikaner, aber für Keplers Errungenschaften aufge-

186 Anhang der *HM*, zu Fludd, dt. S. 362.
187 A. a.O., dt. S. 364.
188 Vgl. oben das Zitat mit Anm. 3.
189 S. Stephenson 1994, ch. X.

schlossen. Er wurde viel gelesen und trug so zur Verbreitung der Kepler'schen Ideen bei.

Dass die Rezeption von Keplers *Harmonice Mundi* nicht umfassender ausfiel, ist neben der schweren Zugänglichkeit dieses Werks historischen Umständen zuzuschreiben. Kepler hat zwar die zu seiner Zeit zugänglichen Klärungen: den gerade durch ihn selbst erreichten Entwicklungsstand der Astronomie, die weitreichend akzeptierten Standards der Astrologie und die damals überwiegend anerkannte Harmonielehre der Musik, optimal verarbeitet; er bezog dezidiert Stellung: unterstützte und vervollkommnete den Kopernikanischen Ansatz, reduzierte die Astrologie auf ein rationales und (in seinem Sinne) empirisch testbares Maß und fundierte die als harmonisch angesehenen Intervalle der Musik auf eine, von Zahlenmystik freie, geometrische Weise. Aber, wie wir im Laufe unserer Untersuchung sehen konnten, bedurften Keplers astronomische und harmonikale Ergebnisse einer empirisch-astronomischen Genauigkeit, die gerade erst erreicht worden war; wesentlich früher hätte das nicht geschehen können, aber auch nicht wesentlich später. Denn die astronomischen Beobachtungen nach Keplers Tod erreichten durch den Einsatz immer besserer Teleskope eine größere Genauigkeit, die Keplers Konzept der Weltharmonik allmählich unscharf machten. Auch die Entdeckung neuer Monde gehörte dazu: Die noch zu Lebzeiten Keplers entdeckten Jupitermonde konnte Kepler noch einigermaßen in sein harmonisches System integrieren.[190] Mit den später entdeckten Monden weiterer Planeten wäre ihm das schwerer gefallen.[191]

Bewegen wir uns noch weiter in Richtung Gegenwart, so wird sogar die astronomische Grundlage der *Harmonice Mundi* fraglich, besonders durch die Entdeckung weiterer Planeten: Uranus 1781 durch F. W. Herschel und Neptun 1846 durch u. a. Gallo[192], ferner

190 Dafür brachte er weitere Polyeder in Anschlag, die weniger vollkommen waren als die platonischen Körper.

191 Die bis zu Newtons Zeit entdeckten weiteren Monde fügten sich aber in Keplers astronomische Gesetzmäßigkeiten und wurden von Newton bei seiner Ableitung des Gravitationsgesetzes in den *Principia Mathematica* entsprechend genutzt.

192 Nach langwierigen Berechnungen von Le Verrier und Adams aus Un-

Pluto, dem allerdings vor einigen Jahren sein Planetenstatus aberkannt wurde. Keplers Polyeder-Modell, das für ihn auch noch in *Harmonice Mundi* den Kosmos mitbestimmt, legt die Anzahl der Planeten aber auf sechs fest.

Auch die Harmonik der Musik entwickelte sich in einer Weise, die Kepler schwer hätte integrieren können. Der Zusammenhang harmonischer Intervalle mit den Zahlenverhältnissen der Frequenzen entsprechender Schwingungen, der nach Keplers Lebenszeit aufgedeckt wurde, wäre nicht das Problem; dies unterstreicht eher Keplers Streben nach physikalischer Fundierung der Astronomie und mittelbar der Harmonik. Anders war es mit der Durchsetzung der Harmonik des wohltemperierten Klaviers. Diese zerstörte eine mit einfachen Zahlenverhältnissen korrelierbare Harmonik, wenn auch nur mit einer für besonders feine Ohren gerade noch wahrnehmbaren Abweichung.[193] Angesichts dieser Entwicklung wäre ein Festhalten an Keplers Harmonik eine Eigenwilligkeit.

Schließlich wurde Keplers Weltharmonik auch durch das weitere Schicksal der Astrologie obsolet, dies aber, so könnte man sagen, zum Nachteil der Astrologie, nicht zum Nachteil von Keplers System. Denn dieses war etwa das letzte, das die Astrologie in ein wissenschaftliches Weltbild einbezog. Im Laufe des 17. Jahrhunderts – nach einigen, letztlich ergebnislosen Versuchen, die Astrologie stärker empirisch abzusichern – wurde sie mehr und mehr an den Rand des wissenschaftlichen Weltbildes gedrängt. Sie selbst koppelte sich immer stärker von der Entwicklung zu genuin empirischer Wissenschaft ab und begnügte sich mit einer nur noch für ihre Anhänger nachvollziehbaren subjektiven und oft psychologischen Fundierung. Diese Entwicklung ist, philosophiegeschichtlich gesehen,

regelmäßigkeiten der Uranus-Bahn. Später stellte sich heraus, dass bereits 1613 Galilei Neptun beobachtet hatte, ohne dass er erkennen konnte, dass es sich um einen Planeten handelte; Neptun bewegt sich mit einer so geringen Winkelgeschwindigkeit, dass man ihn leicht für einen Fixstern halten kann. – Für die spannende Geschichte der Neptun-Entdeckung vgl. auch *The Neptune File* von Tom Stendage, Walker & Company 2000, dt. *Die Akte Neptun*, Frankfurt/New York: Campus Verlag 2001.

193 Ein gewichtiges Argument für die neue Harmonik kann in der Vermeidung von Inkonsistenzen, die in Keplers System bei melodischen Bewegungen über größere Intervalle auftreten, gesehen werden.

Teil der cartesischen Spaltung von *res cogitans* und *res extensa*, von geistiger und materieller Welt.[194] Der Klientel der neueren Astrologenzunft ist der Bezug zur realen Welt der Sterne gänzlich abhanden gekommen.

9.3 *Das Projekt einer finalen Theorie*

Zur wissenschaftsphilosophischen Einschätzung des Werkes Keplers möchte ich einige Bemerkungen zu seinem Projekt einer *finalen Theorie* machen. Damit meine ich seinen Versuch, eine Theorie des Kosmos zu gestalten, die keine Fragen mehr offen lässt.

Die neuere wissenschaftsphilosophische Diskussion der letzten Jahrzehnte schließt ein solches Vorhaben praktisch aus. Denn nach gängiger Auffassung gehören zu einer theoretischen Erklärung außer Gesetzen immer auch kontingente Rand- und/oder Anfangsbedingungen, die die Gesetze auf das zu erklärende Phänomen (das »Explanandum«) überhaupt erst anwendbar machen. Solche kontingenten Aussagen erlauben aber wiederum Warum-Fragen (Warum ist dies so-und-so?), verlangen also Erklärungen. Nach dem üblichen Konzept wissenschaftlicher Erklärung ist keine endgültige Erklärung möglich. Wissenschaftsphilosophen wie K. R. Popper sehen darin einen unüberholbaren Zug von Wissenschaft: diese komme nie an ein Ende. Nur einzelne Forscher, wie z. B. Stephen Weinberg, streben nach einer »finalen Theorie«.[195]

Keplers Weltharmonik ist jedoch insofern ein Kandidat für eine finale Theorie, als sie einem ganz anderen Erklärungskonzept folgt als die neuere Wissenschaftsphilosophie. Sie zielt von vornherein auf die Erklärung von Kontingenzen, nämlich der Daten der Bewegungen der konkreten sechs damals bekannten Planeten um die Sonne. Und sie tut das mit Bezug auf einen unterstellten Schöp-

194 Vgl. die aufschlussreiche Studie *Die Mechanisierung des Herzens. Harvey und Descartes – Der vitale und der mechanische Aspekt des Kreislaufs* von Thomas Fuchs.

195 Siehe sein Buch *Dreams of a Final Theory*, London 1993. Vgl. auch meinen Artikel ›Kepler's Harmonice Mundi: Dead End Road or Final Theory?‹, DIALOGOS 78, 2001.

fungsplan, der bestimmte Charakteristika dieses Systems im Auge hat. Wird dieser Plan aufgezeigt, wie Kepler es getan zu haben beansprucht, so ist das System umfassend erklärt, und weitere Nachfragen erübrigen sich.

9.4 *Keplers Vertrauen auf eine erkennbare Ordnung*

Uns ist heute fremd geworden, sich darauf zu verlassen, dass die Forschung zu bleibenden theoretischen Lösungen führt. Kepler hatte ein solches Vertrauen, getragen von der Gewissheit, dass die Welt von Gott geschaffen ist und wir in der Lage sind, sie in ihrer Grundstruktur, nach den Prinzipien ihrer Erschaffung, zu erkennen. Weder haben die (meisten) heutigen Forscher einen solchen Schöpfungsglauben, noch teilen sie immer, wenn sie an eine Schöpfung glauben, diese spezielle Theologie. Gott ist für Kepler eben nicht der *deus absconditus*, der verborgene Gott, der sich uns nicht zu erkennen gibt. Das komplizierte Geflecht der Überlegungen, die Kepler im 9. Kapitel des V. Buches der *Harmonice Mundi* anstellt, ist offenbar getragen von der Gewissheit, dass da etwas herauszubekommen *ist*. Anders ist die unbändige Energie, mit der Kepler dieses Unternehmen vorantreibt, nicht zu verstehen.

Es gibt auch zeitbedingte Voraussetzungen, die ihm seine Untersuchungen erleichtern. So z. B. seine Überzeugung, dass die Welt endlich ist, im Wesentlichen unser Planetensystem, ein überschaubares Netz von Zusammenhängen. Nur wenige in seiner Zeit, etwa Giordano Bruno, sahen die Welt als unendlich an. Heute wissen wir, dass das Planetensystem, dem Keplers ganze Mühe gilt, erstens viel umfassender ist als zu Keplers Zeit bekannt und zweitens nur ein winziger Teil unserer Galaxie, einer Ansammlung von ca. hundert Milliarden sonnenähnlichen Sternen, und dass diese Galaxie wiederum nur eine in einer riesigen Anzahl von Galaxien ist.

So unbestritten diese Dimensionen sind, so offen sind heute einige grundlegende Fragen, wie die nach der »dunklen Materie«, die offenbar die Welt in viel größerem Maße füllt, als es die sichtbare Materie tut. Noch vager sind bisher die Vorstellungen über die noch umfangreichere »dunkle Energie«. Auch bleibt ungewiss, ob unsere Welt, die anscheinend vor ca. 13,5 Mrd. Jahren entstanden ist, eine

Vorgeschichte hat oder wie wir uns andernfalls den »Beginn der Zeit« vorstellen sollen. Auch von einem möglichen Ende der Welt haben wir nur blasseste Vorstellungen.

Ich möchte diese Betrachtungen hier nicht weiter führen, sondern zum Abschluss auf die philosophischere Frage zurückkommen, ob wir davon ausgehen können, dass es überhaupt grundlegende, unüberholbare Gesetzmäßigkeiten der Natur gibt. Diese Frage ist heftig umstritten. Es gibt neben der realistischen Auffassung, dass »Gesetze« durchaus die Realität wiedergeben können, auch die, dass »the laws of physics lie«, wie es Nancy Cartwright einmal in einem Buchtitel ausgedrückt hat.[196] Danach können wir uns allenfalls auf einfache empirische Regelmäßigkeiten verlassen. Eine solche skeptische Haltung scheint der Praxis der Naturwissenschaften näher zu sein.

196 Nancy Cartwright, *How the laws of physics lie*, Oxford: Clarendon Press 1983.

Bibliographie

KEPLERS WERKE

Kepleri Opera Omnia, ed. Christian Frisch, 8 Bände, Frankfurt / Erlangen: Heyder & Zimmer 1858–1871.

Gesammelte Werke (GW), ed. Max Caspar et al., München: Beck 1937 ff.

1596 *Mysterium Cosmographicum* (*MC*), Tübingen, repr. in GW Bd. I. Deutsche Übersetzung: *Das Weltgeheimnis* von Max Caspar, Augsburg: Filser 1923, München: Oldenbourg 1936. Englische Übersetzung von A.M. Duncan, New York: Abaris 1981.

1602 *De Fundamentis Astrologiae certioribus*, Prag, repr. in GW Bd. IV. Deutsche Übersetzung von H. Genuit, Kassel: Rosenkreuz-Verlag 1975, englische Übersetzung von J. V. Field in: Field 1984.

1604 *Astronomiae pars optica*, Frankfurt, repr. in GW Bd. II. Deutsche Übersetzung in *Schriften zur Optik 1601–1611*, hrsg. von Rolf Riekher, Ostwalds Klassiker der exakten Wissenschaften, Bd. 198, Leipzig 1922, repr. Frankfurt/M.: Harri Deutsch 2008.

1606 *De Stella Nova*, Prag, repr. in GW Bd. I.

1609 *Antwort auf Röslini Discurs*, Prag, repr. in GW Bd. IV.

1609 *Astronomia Nova* (*AN*), Prag, repr. in GW Bd. III. Deutsche Übersetzung: *Neue Astronomie* von Max Caspar 1929, repr. München: Oldenbourg 1990. Englische Übersetzung von W. H. Donahue. Cambridge: Cambridge University Press 1992.

1610 *Tertius Interveniens*, Frankfurt/M., repr. in GW Bd. IV, dto. ed. Fritz Krafft, München: Kindler 1971.

1610 *Dissertatio cum nuncio sidereo*, Prag, repr. in GW Bd. IV. Deutsche Übersetzung hrsg. von Werner Lehmann, Gräfelfing 1964.

1611 *Dioptrice*, Augsburg, repr. in GW Bd. IV. Deutsche Übersetzung in *Schriften zur Optik 1601–1611*, hrsg. von Rolf Riekher, Ostwalds Klassiker der exakten Wissenschaften, Bd. 198, repr. in Frankfurt/M.: Harri Deutsch 2008.

1618–1621 *Epitome Astronomiae Copernicanae*, repr. in GW Bd. VII.

1619 *Harmonice Mundi* (*HM*), Linz, repr. in GW Bd. VI. Deutsche Übersetzung *Weltharmonik* von Max Caspar, München: Oldenbourg 1939, repr. 1997. Englische Übersetzung *The Harmony of the World* von E.J. Aiton, A.M. Duncan und J.V. Field, Philadelphia: Am. Philos. Soc. 1997.

1634 *Somnium*, repr. in GW XI,2. Englische Übersetzung von Edward Rosen, Madison, Milwaukee / London 1967

1858 *Apologia pro Tychone contra Ursum*, in *Opera Omnia*, ed. Chr. Frisch, Bd. I. Englische Übersetzung in N. Jardine, *The Birth of History and Philosophy of Science. Kepler's* A Defence of Tycho against Ursus *with essays on its provenance and significance*. Cambridge University Press 1984.

WEITERE LITERATUR

Svetlana Alpers: *The Art of Describing. Dutch Art in the Seventeenth Century* (1983). Deutsche Ausgabe: *Kunst als Beschreibung. Holländische Malerei des 17. Jahrhunderts*, aus dem Englischen von Hans Udo Davitt, Köln: DuMont 1995.

Aristoteles: *Metaphysik* 1, Kap. 5 und 8.

Volker Bialas: *Johannes Kepler*, München: Beck 2004.

Tycho Brahe: *De Mundi aetherii recentioribus phaenomenis*, 1588, in *Tychonis Brahe Dani opera omnia*, ed. J. L. E. Dreyer, Kopenhagen 1913–1929.

Martin Carrier: *Nikolaus Kopernikus*, München: Beck 2001.

Nancy Cartwright: *How the Laws of Physics Lie*, Oxford: Clarendon Press 1983.

Peter R. Cromwell: *Polyhedra*, Cambridge: Cambridge University Press 1997.

Werner Diederich: ›Kepler's *Harmonice Mundi*: Dead End Road or Final Theory?‹, *Diálogos* 78, 2001, 7–17.

– ›Invariance and Beauty as Epistemologically Guiding Principles in Kepler's Work‹, in: *Gibt es sicheres Wissen?*, ed. Michael Rahnfeld, Leiziger Universitätsverlag 2006, 218–240.

Thomas Digges, *A Perfit Description of the Caelestiall Orbes according to the most auncient doctrine of the Pythagoreans, latelye reuiued by Copernicus and by Geometricall Demonstrations approued*, Anhang zur

Herausgabe (1576) der Schrift seines Vaters Leonard Digges, *A Prognostication everlasting.*

Kitty Ferguson: *Tycho & Kepler. The Unlikely Partnership That Forever Changed Our Understanding of the Heavens*, New York: Walker & Company 2002.

Judith V. Field: ›A Lutheran Astrologer: Johannes Kepler‹, *Archive for History of Exact Sciences* 31, 3, 1984, 189–272.

– *Kepler's Geometrical Cosmology.* Chicago: University of Chicago Press 1988.

Thomas Fuchs: *Die Mechanisierung des Herzens. Harvey und Descartes – Der vitale und der mechanische Aspekt des Kreislaufs*, Frankfurt/M.: Suhrkamp 1992.

Galileo Galilei: *Sidereus Nuncius*, Venedig 1610. Deutsche Übersetzung: *Nachricht von neuen Sternen* von Malte Hossenfelder, hrsg. von Hans Blumenberg, Frankfurt/M.: Insel 1965.

Vincenzo Galilei: *Dialogo della musica antica et della moderna*, Florenz 1581.

Euklid: *Elemente*, ed. Heiberg 1883–1888. Englische Übersetzung: *The Thirteen Books of Euclid's Elements* von Thomas L. Heath 1925, repr. New York: Dover.

Owen Gingerich: ›The Mercury theory from antiquity to Kepler‹, *XXe Congrès international d'Histoire des Sciences*, Paris 1968. Actes, Tome IIIA. Paris 1971.

Bernard R. Goldstein: ›The Arabic Version of Ptolemy's »Planetary Hypotheses«‹, American Philosophical Society, *Transactions* 57, part 4, 1967.

W. K. C. Guthrie: ›Pythagoras and Pythagoreanism‹ in *Enc. Phil.*, ed. Paul Edwards, New York / London 1967, Bd. 7, 37–39.

Albert van Helden: *Measuring the Universe.* Chicago: Univ. of Chicago Press 1985.

Immanuel Kant: *Allgemeine Naturgeschichte und Theorie des Himmels.* Königsberg und Leipzig 1755, repr. in *Akademie-Ausgabe*, Bd. I, Berlin: Reimer 1910.

Arthur Koestler: *The Sleepwalkers: A History of Man's Changing Vision of the Universe*, New York 1959. Deutsche Übersetzung: *Die Nachtwandler. Die Entstehungsgeschichte unserer Welterkenntnis.* Die erste deutschsprachige Ausgabe erschien unter dem Titel *Die Schlafwandler. Das Bild des Universums im Wandel der Zeit*, Bern 1959.

Thomas Kuhn: *The Copernican Revolution*, Cambridge, Mass. / London, Engl.: Harvard Univ. Press 1957.

– *The Structure of Scientific Revolutions*, Chicago: Univ. of Chicago Press 1962, 2. Aufl. 1970.

David C. Lindberg: *Theories of Vision from Al-Kindi to Kepler*, Chicago: Univ. of Chicago Press 1976. Deutsche Übersetzung: *Auge und Licht im Mittelalter* von Matthias Althoff, Frankfurt/M.: Suhrkamp 1987.

– ›The Genesis of Kepler's Theory of Light: Light Metaphysics from Plotinus to Kepler‹, *Osiris*, second series, vol. 2 (1986), 5 – 42.

Thomas De Padova: *Das Weltgeheimnis. Kepler, Galilei und die Vermessung des Himmels*. München: Piper 2009.

Pico della Mirandola, Giovanni: *Disputationes adversus Astrologiam Divinatricem*, Bologna 1496, repr. in *Opera Omnia*, Hildesheim: Olms 1969.

Platon: *Timaios*, Deutsche Übersetzung: von Schleiermacher und Hieronymus Müller, repr. Reinbek: Rowohlt 1969.

Ursula Schmidt: *Wie wissenschaftliche Revolutionen zustande kommen. Von der vorkopernikanischen Astronomie zur Newtonschen Mechanik*, Würzburg: Königshausen und Neumann 2010.

Abner Shimony: *Tibaldo and the Hole in the Calendar*, New York: Springer 1998. Deutsche Übersetzung: *Der Kampf um den verlorenen Tag: Eine Geschichte aus der Renaissance*, Basel: Birkhäuser 1998.

Tom Stendage: *The Neptune File*. Walker & Company 2000. Deutsche Übersetzung: *Die Akte Neptun*, Frankfurt / New York: Campus 2001.

Bruce Stephenson: *Kepler's physical astronomy*. New York: Springer 1987.

– *The Music of the Heavens. Kepler's Harmonic Astronomy*. Princeton, N. J.: Princeton Univ. Press 1994.

James Voelkel, *The Composition of Kepler's Astronomia Nova*, Princeton University Press 2001.

Stephen Weinberg: *Dreams of a Final Theory*, London: Hutchinson 1993.

Robert S. Westman, ›Two Cultures or One? A Second Look at Kuhn's *The Copernican Revolution*‹, *Isis* 85, 79–115.

– *The Copernican Question. Prognostication, Skepticism, and Celestial Order*, Univ. of California Press 2011.

Gioseffo Zarlino: *Le istitutioni harmonice*, Venedig 1558.

Nicolaus Copernicus

Das neue Weltbild

Drei Texte.
Commentariolus,
Brief gegen Werner,
De revolutionibus

Lateinisch-deutsch
Übersetzt und herausgegeben von Hans Günter Zekl
Sonderausgabe der »Philosophischen Bibliothek«
2006. LXXXIV, 252 Seiten
ISBN 978-3-7873-1800-1
Kartoniert

Seit Nicolaus Copernicus (1473–1543) weiß die Welt, daß die Erde nicht im Zentrum des Universums steht, sondern um die Sonne kreist. Dargelegt hat er seine Erkenntnis, die auf der Analyse der sorgsam beobachteten Bewegungen am Himmel beruht, in seinem in lateinischer Sprache abgefaßten Hauptwerk *Über die Kreisbewegungen der Himmelskörper.*

Diese für einen breiteren Leserkreis konzipierte Ausgabe bietet eine Auswahl der zentralen Texte. Sie macht deutlich, wie und mit welchen Argumenten Copernicus das alte Weltbild aus den Angeln hob. Enthalten sind das 1. Buch, in dem Copernicus seine Entdeckung auf den Punkt bringt, sowie die kurze Abhandlung *Über die Erklärungsgrundlagen der Bewegungen am Himmel* und der *Brief gegen Werner* – zwei Texte, die für das Verständnis der Genese des von ihm begründeten »Kopernikanischen Weltbilds« von Bedeutung sind. Alle Texte werden zweisprachig präsentiert und sachkundig erläutert.

Philosophische Bibliothek **meiner.de**